电力技术产教融合系列教材

电气试验基本知识及操作规范

Elementary Knowledge and Operating Specification of Electrical Testing

国网湖北省电力有限公司超高压公司　编著

北　京
冶金工业出版社
2025

内 容 提 要

本书从电气设备原理、电气试验标准化作业、试验规程及现场作业经验多角度出发，详细介绍了电气试验的相关内容，重点章节附有典型案例分析。全书共分十三章，主要内容包括电气试验的基本知识、电气试验相关要求和流程、变压器试验、电流互感器试验、电压互感器试验、断路器试验、隔离开关试验、避雷器试验、电抗器试验、电容器试验、电力电缆试验、气体绝缘全封闭组合电器（GIS）试验及电力设备带电检测等。

本书可作为高等院校电力技术相关专业的教材，也可供电气工程技术人员参考。

图书在版编目（CIP）数据

电气试验基本知识及操作规范/国网湖北省电力有限公司超高压公司编著．—北京：冶金工业出版社，2022.10（2025.6重印）
ISBN 978-7-5024-9274-8

Ⅰ.①电… Ⅱ.①国… Ⅲ.①电气设备—试验—岗位培训—教材 Ⅳ.①TM64-33

中国版本图书馆 CIP 数据核字（2022）第 167891 号

电气试验基本知识及操作规范

出版发行	冶金工业出版社		电　话	(010)64027926
地　址	北京市东城区嵩祝院北巷 39 号		邮　编	100009
网　址	www.mip1953.com		电子信箱	service@mip1953.com

责任编辑　杜婷婷　刘林烨　　美术编辑　彭子赫　　版式设计　郑小利
责任校对　郑　娟　责任印制　禹　蕊

北京建宏印刷有限公司印刷
2022 年 10 月第 1 版，2025 年 6 月第 2 次印刷
710mm×1000mm 1/16；15.25 印张；301 千字；232 页
定价 69.00 元

投稿电话　(010)64027932　　投稿信箱　tougao@cnmip.com.cn
营销中心电话　(010)64044283
冶金工业出版社天猫旗舰店　yjgycbs.tmall.com
（本书如有印装质量问题，本社营销中心负责退换）

本书编委会

罗　浪	赵泽予	周　靓	王勇杰	周　雄
何　琦	李　佳	高牧风	姚　佶	郭　琪
武晓蕊	陈京晶	李煜磊	陈思哲	姜　帅
肖婉清	郑文琛	邹　耀	李旭东	刘　杜
刘颖彤	毛雨亭	汪　铭	余　旸	周　凯
陈典丽	胡　卡	江　渊	李俊英	王　汇
周金海	吴　炜	鲁少军	彭之彦	

前　言

随着我国电网建设高速发展，电力设备制造技术水平日新月异，国家电网有限公司构建以新能源为主体的新型电力系统步伐加快，电力设备结构、绝缘介质及电气试验技术也随之不断迭代升级。

电气试验是保证电力设备安全可靠运行的重要环节，为助力解决各院校电力专业学生"理论学习透彻，联系实际困难"的现实问题，确保高校专业教学、企业人才培养、理论与技能衔接等各环节"不漏项、不缺位"，实现"产教融合"培训增效，促进企业培训成果转化，国网湖北省电力有限公司超高压公司根据多年新职工培训及产教融合实训的需求，特着手开展"电力技术产教融合系列教材"的开发任务。

本书为"电力技术产教融合系列教材"的一个分册，在编纂过程中充分结合电网近年发展实际，做到原理深入浅出讲解，案例分析紧贴实际。全书共分十三章，从设备基本知识、常规试验、典型案例分析等方面，重点介绍了电力设备电气试验的项目、标准化流程、试验数据分析与判断及注意事项等内容，为电力企业相关技术人员，以及电气专业职业院校师生等详细了解电气试验内容提供参考。希望读者在掌握理论知识的基础上，通过对典型案例的分析与规程规范的解读，充分领悟电气试验的真谛。

由于作者水平所限，书中不妥之处，敬请广大读者批评指正。

本书编委会
2022 年 5 月

目 录

第一章 电气试验的基本知识 ·· 1

    第一节 电气试验的综述 ·· 1

    第二节 作业现场危险点及预控措施 ·································· 2

第二章 电气试验相关要求和流程 ·· 7

    第一节 电气试验涉及的相关标准 ···································· 7

    第二节 一般电气试验的标准化流程 ·································· 8

第三章 变压器试验 ·· 10

    第一节 变压器基本知识 ·· 10

    第二节 变压器本体常规试验 ·· 11

    第三节 变压器套管常规试验 ·· 27

    第四节 变压器绝缘油试验 ·· 34

    第五节 典型案例分析 ·· 54

第四章 电流互感器试验 ·· 57

    第一节 电流互感器基本知识 ·· 57

    第二节 油浸式电流互感器常规试验 ·································· 58

    第三节 典型案例分析 ·· 72

第五章 电压互感器试验 ·· 77

    第一节 电压互感器基本知识 ·· 77

    第二节 电磁式电压互感器常规试验 ·································· 80

    第三节 电容式电压互感器常规试验 ·································· 88

    第四节 典型案例分析 ·· 95

第六章 断路器试验 ·· 98

    第一节 断路器基本知识 ·· 98

第二节　断路器常规试验 …………………………………… 99
　　第三节　典型案例分析 ……………………………………… 113

第七章　隔离开关试验 ……………………………………………… 114
　　第一节　隔离开关基本知识 ………………………………… 114
　　第二节　隔离开关试验操作 ………………………………… 115

第八章　避雷器试验 ………………………………………………… 120
　　第一节　避雷器基本知识 …………………………………… 120
　　第二节　避雷器常规试验 …………………………………… 121
　　第三节　典型案例分析 ……………………………………… 131

第九章　电抗器试验 ………………………………………………… 133
　　第一节　电抗器基本知识 …………………………………… 133
　　第二节　电抗器常规试验 …………………………………… 134
　　第三节　典型案例分析 ……………………………………… 145

第十章　电容器试验 ………………………………………………… 147
　　第一节　电容器基本知识 …………………………………… 147
　　第二节　电容器常规试验 …………………………………… 150
　　第三节　典型案例分析 ……………………………………… 164

第十一章　电力电缆试验 …………………………………………… 167
　　第一节　电力电缆基本知识 ………………………………… 167
　　第二节　电力电缆常规试验 ………………………………… 171
　　第三节　典型案例分析 ……………………………………… 175

第十二章　气体绝缘全封闭组合电器（GIS）试验 ……………… 177
　　第一节　GIS 基本知识 ……………………………………… 177
　　第二节　GIS 常规试验 ……………………………………… 179

第十三章　电力设备带电检测 ……………………………………… 184
　　第一节　带电检测基本知识 ………………………………… 184
　　第二节　局部放电检测 ……………………………………… 186

第三节　红外测温检测 ·················· 198
第四节　SF_6 微水含量检测 ·················· 212

参考文献 ·················· 220

笔记 ·················· 221

第一章 电气试验的基本知识

第一节 电气试验的综述

一、电气试验的定义

电气设备在制造厂生产后,要进行出厂试验,以检查产品是否达到设计的要求。电气设备运到现场后,在投入使用前,为判定其有无安装或运输及制造方面的质量问题,以确定新安装的或运行中的电气设备是否能够正常投入运行,而对电气系统各电气设备单体的绝缘性能、电气特性及机械性等,依照标准、规程、规范中的规定逐项进行试验和验证。

二、电气试验的意义

电力系统中运行着众多的电力设备。电力设备在设计和制造过程中可能存在一些质量问题,而且在安装运输过程中也可能出现损坏,这将造成一些潜伏性故障。电力设备在运行中,由于电压、化学、机械振动及其他因素的影响,其绝缘性能会出现裂化,甚至失去绝缘性能,造成事故。

据有关统计分析,电力系统中 60% 以上的停电事故是由设备绝缘缺陷引起的。设备绝缘部分的劣化、缺陷的发展都有一定的发展期,在此期间,绝缘材料会发出各种物理、化学信息及电气信息,这些信息反映出绝缘状态的变化情况。这就需要通过电气试验的手段,在设备投入运行之前或运行中了解掌握设备的绝缘情况,以便在故障发展的初期就能准确及时地发现并处理,从而保证电力设备安全可靠运行。

三、电气试验的分类

按试验的作用和要求不同,电气设备的试验可分为绝缘试验和特性试验两大类。

(一) 绝缘试验

电气设备的绝缘缺陷:一种是制造时潜伏下来的缺陷;另一种是在外界作用下发展起来的缺陷。外界作用包括工作电压、过电压、潮湿、机械力、热作用、化学作用等等。绝缘试验又可分为两大类。

(1) 集中性缺陷。集中性缺陷包括：绝缘子的瓷质开裂；发电机绝缘的局部磨损、挤压破裂；电缆绝缘的气隙在电压作用下发生局部放电而逐步损伤绝缘；其他的机械损伤、局部受潮等。

(2) 分布性缺陷。分布性缺陷是指电气设备的整体绝缘性能下降，如电机、套管等绝缘中的有机材料受潮、老化、变质等。绝缘内部缺陷的存在，降低了电气设备的绝缘水平，可以通过一些试验的方法，把隐藏的缺陷检查出来。

（二）特性试验

通常把绝缘试验以外的试验统称为特性试验。这类试验主要是对电气设备的电气或机械方面的某些特性进行测试，比如：变压器和互感器的变比试验、极性试验；线圈的直流电阻测量；断路器的导电回路电阻；分合闸时间和速度试验等。上述试验有它们的共同目的，就是揭露缺陷，但又各具一定的局限性。试验人员应根据试验结果，结合出厂及历年的数据进行纵向比较，并与同类型设备的试验数据及标准进行横向比较，经过综合分析来判断设备缺陷或薄弱环节，为检修和运行提供依据。

试验方法一般分为以下两大类。

(1) 非破坏性试验。非破坏性试验是指在较低的电压下，或是用其他不会破坏绝缘的办法来测量各种特性，从而判断绝缘内部的缺陷。实践证明，这类方法是有效的，但由于试验的电压较低，有些缺陷不能充分暴露，目前还不能只靠它来可靠地判断绝缘水平，还需要不断地改进非破坏性试验方法。

(2) 破坏性试验（或称耐压试验）。这类试验对绝缘的考验是严格的，特别是能发现集中性缺陷，通过这类试验，能确保绝缘水平和裕度。其缺点是可能在试验中，会对被试设备的绝缘造成一定的损伤，但在目前仍是绝缘试验中的一项主要方法。为了避免破坏性试验对绝缘的无故损伤而增加修复的难度，破坏性试验往往在非破坏性试验之后进行，如果非破坏性试验已表明绝缘存在不正常情况，则必须在查明原因并加以消除后再进行破坏性试验。

第二节 作业现场危险点及预控措施

一、触电伤害（误入、误登、误碰带电设备）

（一）危险点

(1) 现场安全交底不清楚，作业人员不清楚作业地点临近的带电设备，误入、误登带电设备造成触电。

(2) 悬挂标示牌和装设遮（围）栏不规范，造成人员触电，比如标示牌缺少、数量不足或朝向不正确，装设遮（围）栏满足不了现场安全的实际要求等。

（3）作业人员擅自工作或不在规定的工作范围内工作，误入、误登带电间隔，造成人员触电。

（4）工作票上安全措施不正确完备，造成人员触电，比如接地线悬挂位置不正确、安全遮栏设置方式不正确等。

（5）接、拆工作电源时，无人监护或操作不当造成人员触电。

（6）设备检修试验时，作业人员与带电部位的安全距离小于规定值，造成人员触电。

（7）搬运、使用较长物件（如梯子、绝缘杆等）不规范，与带电部位的安全距离小于规定值，造成人员触电。

（8）仪器金属外壳无保护，造成人员触电。

（9）仪器的摆放位置不合理（如升压仪器与操作仪器距离过近、升压线路径不合理等），造成人员触电。

（10）容性设备进行试验工作放电不规范，造成人员触电。

（11）加压过程中失去监护，试验现场安全措施不规范，他人误入，造成人员触电。

（12）高压试验人员操作时未规范使用绝缘垫，造成人员触电。

（13）绝缘工器具不合格或使用不规范，造成人员触电。

（14）在高电压等级场区作业时，可能产生感应电压，接线过程、操作过程不规范，造成人员触电。

（15）工作中试验方法不当，造成人员触电。

（16）工作人员改接试验线时，未采取措施，造成人员触电。

（17）工作人员在二次回路加压，操作错误，造成人员触电。

（二）预控措施

（1）工作前工作负责人向作业人员交代清楚临近带电设备，并加强监护。

（2）正确使用、悬挂标示牌，确保标示牌数量充足且朝向正确，装设遮（围）栏应满足现场安全的实际要求等。

（3）作业人员应服从工作负责人（监护人）、专责监护人的指挥，在确定的作业范围内工作。严禁擅自扩大作业范围及跨越安全遮（围）栏在安全遮（围）栏外工作等。

（4）工作票上所列的安全措施要正确完备，符合现场实际条件。

（5）接、拆工作电源时，应两人进行，一人工作，一人监护。

（6）作业人员与220kV间隔设备带电部位的安全距离应不小于3.0m，与66kV间隔设备带电部位的安全距离应不小于1.5m，与10kV间隔设备带电部位的安全距离应不小于0.7m。

（7）搬运梯子时，需两人放倒搬运；移动绝缘杆时，应水平移动；使用绝缘杆、高空接线钳时应双手扶持，防止失去控制。与带电部位保持足够的安全距离。

（8）作业中使用的仪器金属外壳应按规定接入接地线。

（9）试验时要合理摆放试验仪器，作业人员与升压设备、升压线、被试设备要保持足够的安全距离。

（10）电容器、电缆试验前后均应充分放电。

（11）加压过程中，工作负责人要全程监护，操作人与监护人做好呼唱。高压试验时要自设围栏，非试验人员不得进入加压区，并派专人看守。

（12）试验操作人员应站在绝缘垫上。

（13）试验过程中使用的绝缘工器具要在合格日期内，并按规定规范使用。

（14）在进行高电压等级设备试验接线时，要提前设置地线保护，防止感应电伤人；在进行线路核相、线路参数测试时，要戴好绝缘手套并站在绝缘垫上。

（15）试验时接线准确，加压前应核对好试验接线。

（16）更改试验接线前，要对设备进行放电，接、拆的引线不得失去原有接地线的保护。

（17）在进行电压互感器励磁特性试验时，要确保作业人员与一次侧保持足够的安全距离。

二、高空坠落

（一）登高作业

1. 危险点

（1）高处作业时防止高处坠落的安全措施不充分、高处作业时失去监护或监护不到位，造成人员高处坠落。

（2）个人安全防护用品使用不当，造成人员高处坠落。

2. 预控措施

（1）登高作业应正确配置使用合格的安全带，并戴好安全帽，穿好绝缘胶鞋，应加强对高处作业人员监护，及时纠正高处作业人员的不安全行为。

（2）安全带应系在牢固的部件上，严禁低挂高用，必要时应使用安全带支架。

（二）在断路器、隔离开关、避雷器等设备构架上工作

1. 危险点

（1）构架上有影响攀登的附挂物，造成人员高处坠落。

（2）攀登时，爬梯金属件或支撑物不符合要求，造成人员高处坠落。

（3）构架上移位方法不正确，失去防护，造成人员高处坠落。

（4）试验人员未经许可，擅自加压，造成触电、高处坠落。

（5）在设备构架上的工作（如互感器末屏拆接引线、断路器、避雷器接试验引线等），试验时由于作业人员误碰带电被试设备造成触电、高处坠落。

2. 预控措施

（1）攀登过程脚踩稳、手抓牢、步子稳，注意躲避附挂物。

（2）金属件缺失、松动、脱焊、锈蚀严重、支撑物埋设松动的构架禁止攀爬。

（3）正确使用安全带，手扶构件，手扶的构件应牢固，踩点应正确，高处作业人员在转移作业位置时不得失去安全保护。

（4）试验前，试验人员应大声呼唱，并有专人监护，在得到许可后方可开始加压，以防在接线过程中误加压造成触电、高处坠落。

（5）高压试验时，在设备构架上的作业人员应站在安全的区域，并与被试设备保持足够的安全距离，必要时应先返回地面再试验，以防误碰触电、高处坠落。

（三）使用梯子攀登或在梯子上工作

1. 危险点

（1）梯子本身不符合要求（如梯子有腐蚀、变形、松动等现象），造成人员高处坠落。

（2）梯子使用不符合要求，造成人员高处坠落。

（3）上、下梯子防护措施不当造成坠落。

（4）在梯上工作时，梯子使用不当或在可能被误碰的场所使用梯子未采取措施，造成坠落。

2. 预控措施

（1）使用梯子前检查梯子外观及合格证，确认梯子构件无腐蚀、无变形、无松动，防滑装置完好、限高标志清晰、绝缘梯绝缘材料无老化、无劈裂，升降梯控制爪、人字梯铰链、限制开度拉链完好方可使用。

（2）梯子应放置稳固，使用单梯时梯子与地面角度应约为60°，横档应嵌在支柱上，使用人字梯限制开度拉链应完全张开；升降梯控制爪应卡牢。

（3）上下梯子应由专人扶梯、防止梯子两边倾斜。

（4）在梯子上工作时，站位不能超过梯子限位高度、总质量不应超载、梯子上有人时不应移动梯子、在通道、门（窗）前使用梯子时应防止被误碰。

（四）变压器上工作

1. 危险点

（1）试验人员未经许可，擅自加压，造成触电、高处坠落。

（2）在变压器本体上的工作，试验时由于作业人员误碰带电部位或感应电触电、高处坠落。

2. 预控措施

（1）试验前，试验人员应大声呼唱，并有专人监护，在得到许可后方可开始加压，以防在接线过程中误加压造成触电、高处坠落。

（2）高压试验时，在变压器本体上作业的人员应站在安全的区域，并与被试带电部位保持足够的安全距离，必要时应先返回地面再试验，以防误碰或感应电触电、高处坠落。

第二章 电气试验相关要求和流程

第一节 电气试验涉及的相关标准

电气试验根据电气设备制造、安装、投运和使用的不同阶段可分为出厂试验、交接试验、例行试验、诊断性试验等。

出厂试验是电力设备生产厂家根据有关标准和产品技术条件规定的试验项目,对每台产品所进行的检查试验。试验目的在于检查产品设计、制造、工艺的质量,防止不合格产品出厂。大容量重要设备(如发电机、大型变压器)的出厂试验应在使用单位人员监督下进行。每台电力设备制造厂家应出具齐全合格的出厂试验报告。

交接试验是指安装部门、检修部门对新投设备、大修设备按照产品技术条件及国家、行业相关标准规定进行的试验。新设备在投入运行前的交接试验,用来检查产品有无缺陷,运输中有无损坏等;大修后设备的试验用来检查检修质量是否合格等。

例行试验是指设备投入运行后,按一定的周期由运行部门、试验部门进行的试验,目的在于检查运行中的设备有无绝缘缺陷和其他缺陷。与出厂试验及交接试验相比,它主要侧重于绝缘试验,其试验项目较少。

诊断性试验是对于在大修或者是例行试验异常,需进一步明确缺陷性质、位置,抑或有家族性缺陷、经历严重不良工况,需进一步明确状态,就需要实施相关的故障判断措施来进行试验。

一、交接试验执行标准

(一)《电气装置安装工程电气设备交接试验标准》(GB 50150—2016)

该文件由住房和城乡建设部与国家质量监督检验检疫总局联合发布,自2016年12月1日起施行,原《电气装置安装工程电气设备交接试验标准》(GB 50150—2006)废止。

(二)《国家电网公司变电检测管理规定》[国网(运检/3)827—2017]

该文件由国网运维检修部提出并解释,自2017年3月1日起施行。原《国网运检部关于加强和规范交接验收工作的通知》中涉及变电部分和《国家电网公司生产准备及验收管理规定》中涉及变电部分同时废止。

二、例行试验执行标准

（一）《国家电网公司变电检测管理规定（试行）》[国网（运检/3）829—2017]

该文件由国网运检部负责解释并监督执行，自 2017 年 3 月 1 日起施行。原《电力设备带电检测技术规范（试行）》、国网运检部印发的《变电设备带电检测工作指导意见》同时废止。

（二）《输变电设备状态检修试验规程》（Q/GDW 1168—2013）

该文件由国网运维检修部提出并解释，2008 年 1 月首次发布，2013 年 6 月第一次修订。

（三）《电力设备预防性试验规程》（DL/T 596—2021）

由国家能源局按照《标准化工作导则第 1 部分：标准化文件的结构和起草规则》（GB/T 1.1—2020）的规定起草，代替《电力设备预防性试验规程》（DL/T 596—1996），2021 年 4 月 26 日发布，2021 年 10 月 26 日实施。

第二节　一般电气试验的标准化流程

一、准备阶段

（1）了解试品并确定试验方案。

（2）了解设备参数及运行工况。

（3）安排所有人员准备并检查试验仪器、用品，准备结果见表 2-1。

表 2-1　试验仪器和用品

序　号	名　　称	数　量
1	试验电源（带漏电保护器）	1 套
2	放电棒	1 支
3	安全围栏、标示牌	4 组
4	试验所用仪器	若干
5	现场原始记录本	1 本
6	试验用附件及连线	若干
7	地线	若干

注：试验所用仪器仪表、工器具等应在合格周期内。

二、整理阶段

（1）工作负责人接到工作任务，明确后，查阅出厂和历年试验报告、掌握被试设备历史数据、初值，准备作业指导书、风险控制卡。

（2）与运行人员沟通后，电气试验工作负责人到达作业现场，在运行人员布置完安全措施后，与工作许可人办理工作许可手续。

（3）开班前会。工作负责人需交代人员分工、试验项目、危险点及注意事项，并整理着装，然后填写开工确认签字。

三、试验阶段

（1）试验现场装设封闭围栏，必要时派专人看守。

1）搬仪器进入现场。

2）接线员放电。工作负责人安排接线员放电，并监护。

3）工作负责人安排记录员放置温湿度表，抄录设备铭牌、双重编号、仪器型号、编号。

4）接取电源。接取试验电源，先测量电源电压是否符合试验要求；电源线必须固定，防止突然断开；检查漏电保护装置是否灵敏动作，接取电源需两人进行。

5）工作负责人检查设备外观。以套管为例，负责人检查接地是否可靠，油位是否正常，是否有脏污、破损，小套管（即末屏）是否可靠接地、是否开裂。

6）工作负责人安排接线员接线，操作员协助，负责人全程监护。

7）接线员接线完毕，取下放电棒后，工作负责人进行检查，确认无误后要求所有无关人员请离场，操作员站在绝缘垫上，开始进行试验。

8）操作员打开仪器，设置参数，负责人确认无误后，呼唱："可以加压"。注意工作人员与加压部位保持足够安全距离。

9）测出数据后，操作人呼唱结果后关闭电源，记录员复述并记录结果。

10）接线员放电，记录人记录当前温湿度，负责人全程监护，在所有试验项目进行结束后接线员和操作员拆除接线，所有人员清理工作现场。

（2）工作负责人再次检查试验现场是否有遗漏，并拆除封闭围栏。

四、收工阶段

（1）开班后会：工作负责人对今天工作人员的工作情况进行总结说明；记录员汇报试验结果。

（2）收工签字：工作负责人确认现场已清理完毕，工作负责人与运行人员进行工作票终结，并进行收工确认签字，对测试仪器进行装车，所有人撤离现场。

第三章 变压器试验

第一节 变压器基本知识

一、变压器的作用

变压器是借助电磁感应作用,把一种电压的交流电能转变为同频率的另一种或几种电压的交流电能。变压器的作用一般是有两种:一种是升降压作用;另一种是阻抗匹配作用。变压器通过主副线圈电磁互感原理,可以把电压降低(或提升)到所需要的电压。

二、变压器的原理

变压器是根据电磁感应原理制成的,工作原理如图 3-1 所示。变压器两个独立的绕组按照一定的方向套在同一个铁心回路上,N_1 为一次绕组匝数,N_2 为二次绕组匝数。在一次绕组施加交流电压 u,产生交变的励磁电流,在铁心中产生交变磁通。该交变磁通在铁心回路中穿过一、二次绕组,称为"主磁通"。根据电磁感应原理,当穿过绕组的磁通发生变化时,绕组就产生感应电动势。一、二次绕组出现的感应电动势为 e_1、e_2。

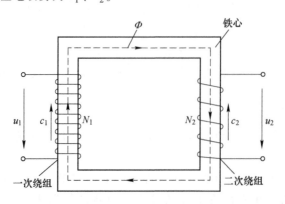

图 3-1 变压器工作原理图

除了沿铁心穿过一、二次绕组的主磁通外,还有不完全经铁心穿过绕组的磁通,称为"涌磁通",但与主磁通相比,数量很小。所以一次绕组中感应电动势有效值 E_1,和一次电压有效值 U_1 基本相等,同理,二次绕组中感应电动势有效值 E_2 和二次电压有效值 U_2 基本相等,即:

$$\frac{U_1}{U_2} \approx \frac{E_1}{E_2} = \frac{N_1}{N_2} = K \tag{3-1}$$

式中　K——变压器的变压比。

因此,一、二次绕组匝数不同,一、二次绕组的电压就不同,实现改变电压大小的目的,这就是变压器改变电压的基本原理。

由于变压器本身的损耗很小,变压器输入和输出的功率基本相等,即:

$$U_1 I_1 = U_2 I_2$$

由此可得:

$$\frac{U_1}{U_2} = \frac{I_2}{I_1} = K \tag{3-2}$$

第二节　变压器本体常规试验

变压器的例行试验指的是在国家标准或行业标准的规定下,进行的出厂试验、现场交接试验,以及运行中定期进行的试验。即按惯例需要做的试验,每台设备都必须进行的试验(如例行试验和现场交接试验)。运行中油浸变压器的例行试验项目如下:

(1) 绕组直流电阻测量;
(2) 绕组连同套管的绝缘电阻、吸收比或极化指数测量;
(3) 绕组连同套管的介质损耗和电容量测量;
(4) 铁心及夹件绝缘电阻测量;
(5) 绕组变形测试;
(6) 无载或有载分接开关试验;
(7) 电容型套管的介质损耗和电容量测量;
(8) 绕组连同套管的交流耐压试验;
(9) 测温装置校验及其二次回路试验;
(10) 气体继电器校验及其二次回路试验;
(11) 压力释放器校验及其二次回路试验;
(12) 冷却装置及其二次回路试验;
(13) 红外测温;
(14) 变压器绝缘油试验。

一、变压器绕组连同套管的直流电阻试验

（一）试验目的

测试变压器绕组连同套管的直流电阻，可以检查出绕组内部导线接头、引线与绕组接头的焊接质量、电压分接开关各个分接位置及引线与套管的接触是否良好、并联支路连接是否正确、变压器载流部分有无断路、接触不良及绕组有无短路现象。

（二）试验准备

（1）试验所需仪器。变压器直流电阻测试仪（输出电流不小于5A）一台及附件、电源线盘一个、接地线若干、万用表一个，试验前应检查试验设备是否完整和良好。

（2）搜集历年试验数据。

（3）试验前应安排人员拆除被试验变压器低压绕组及中性点绕组套管连接线，将被试验变压器所有绕组短路接地进行充分放电，避免剩余电荷干扰测试。

（4）如果现场电磁干扰大，可在变压器高压侧挂地线或合上变压器高压侧的接地开关。

（三）试验接线及方法

（1）连接试验电源，两人进行，一人负责搭接、另外一人负责监护，建议使用带有触电保护器的检修电源箱。

（2）将试验仪器接地端子接地，接地线端与地网可靠连接。

（3）连接测试线到测量绕组的两端，各绕组的试验接线图如图 3-2~图 3-4 所示。

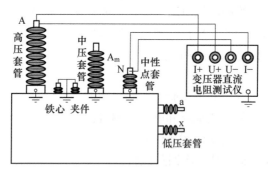

图 3-2　测量高压绕组直流电阻接线图

（4）启动仪器，选定电流进行测试，各绕组分别进行测试，有分接开关的，每个挡位均应进行测试。

（5）变压器属于大型容性试品，每测试完成一次，均应进行充分放电，以免电击伤人。

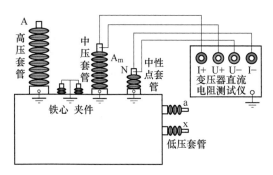

图 3-3　测量中压绕组直流电阻接线图

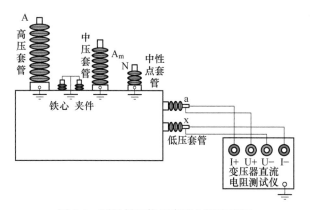

图 3-4　测量低压绕组直流电阻接线图

(6) 读取试验数据时, 应等数据稳定后再进行读取, 以免造成测试结果不准确。

(7) 记录试验时的温度、湿度, 试验数据读取后应与上一次试验数据进行比较, 其偏差应在规程规定的范围内。不同温度下的数据应换算到统一的温度下进行比较。

(8) 试验结束, 断开试验仪器电源, 对变压器进行充分放电后, 拆除测试线, 最后拆除仪器的接地线。

(四) 操作过程

(1) 将被试变压器放电, 接地。

(2) 选择合适的试验地点放置试验仪器, 将变压器直流电阻测试仪 (见图 3-5) 可靠接地。

(3) 先接试验仪器侧接线, 再将试验仪器与被试变压器绕组出线端子进行连接。试验接线接触必须良好、可靠, 并有防止脱落措施。

变压器直流电阻测试仪的面板上标有 I+、I-、U+、U-接线柱, 配有专用

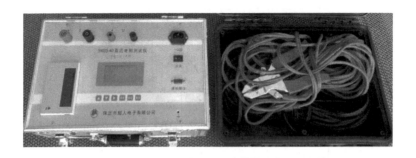

图 3-5 直流电阻测试仪

测试线。测试线分别为红、黑两种颜色,分别接在 I+、U+ 和 I-、U- 接线柱上。使用时不必区分接线与极性的关系。与被试变压器相接的是仪器自带的专用线夹,只要与被试变压器套管接线板(导电杆)接触良好即可。

(4) 变压器各绕组的电阻应分别在各绕组的接线端上测定。三相变压器绕组为星形连接且无中性点引出时,应测量其线电阻(R_{AB}、R_{BC}、R_{CA}),如本变压器的高压绕组;如有中性点引出时,应测量其相电阻(R_{A0}、R_{B0}、R_{C0}),如本变压器的低压绕组。但对中性点引线电阻所占比例较大的 yn 连接,且低压为 400V 的配电变压器,应测量其线电阻(R_{AB}、R_{BC}、R_{CA})及中性点对一个线段的电阻(如 R_{A0})。绕组为三角形连接时,首末端均引出的应测量其相电阻;封闭三角形的变压器应测定其线电阻。

(5) 检查试验接线均正确无误后,通知所有人员离开被试变压器现场。经试验负责人同意后启动测试电源开关,准备测试变压器直流电阻。操作人员应站在绝缘垫上,在测试变压器的直流电阻过程中做好监护和呼唱工作。

(6) 正确选择测试仪器的测试电流挡位,启动按钮开始测试。试验人员应把手放在电源开关附近,随时警戒异常情况发生。本试验高压绕组直流电阻测试充电电流挡位选择 1A,低压绕组直流电阻测试充电电流挡位选择 10A。试验仪器启动后,操作者应集中精力注意观察测试设备的状态。测试过程中严禁不经复位直接切断电源。

(7) 待测试的数据稳定后,记录测量的相别和数值。按动变压器直流电阻测试仪的复位按钮,通过测试仪内放电回路对变压器绕组进行放电,释放绕组所储存的能量。放电完毕(蜂鸣器停止鸣响),断开仪器电源。

(8) 变更试验接线,测量变压器另一个绕组的直流电阻。经复查无误后,再按上述程序进行测量。

(9) 变压器绕组连同套管的直流电阻全部测试完毕,在对绕组进行放电并接地后,首先拆除仪器的供电电源线,其次将接在变压器绕组上的测试线夹拆掉，再拆除连接在变压器直流电阻测试仪上的测试导线，最后拆掉测试仪的接地线。

（10）记录变压器的铭牌数据，观察和记录变压器的上层油温和变压器绕组温度、测试现场的环境温度和湿度、试验性质、试验人员姓名、试验日期、试验地点等内容。

（11）再次检查试验场有无遗留物、是否恢复被测变压器的原始状态等，均正确无误后，向试验负责人汇报测试工作结束和测试结果、结论等。整个试验过程结束。

（五）数据分析及判断

1. 《电气装置安装工程电气设备交接试验标准》（GB 50150—2016）

（1）测量应在各分接的所有位置上进行。

（2）1600kVA 及以下的三相变压器，各相绕组相互间的差别不应大于 4%；无中性点引出的绕组，线间各绕组相互间差别不应大于 2%；1600kVA 以上的变压器，各相绕组相互间差别不应大于 2%；无中性点引出的绕组，线间相互间差别不应大于 1%。

（3）变压器的直流电阻，与同温下产品出厂实测数值比较，相应变化不应大于 2%。不同温度下电阻值的计算公式为：

$$R_2 = R_1 \cdot \frac{T + t_2}{T + t_1} \tag{3-3}$$

式中　　R_1——温度在 t_1℃时的电阻值，Ω；

　　　　R_2——温度在 t_2℃时的电阻值，Ω；

　　　　T——计算用常数，铜导线取 $T=235$，铝导线取 $T=225$。

（4）由于变压器结构等原因，差值超过以上（2）时，可只按以上（3）进行比较，但应说明原因。

（5）无励磁调压变压器送电前最后一次测量，应在使用的分接锁定后进行。

2. 《输变电设备状态检修试验规程》（Q/GDW 1168—2013）

测量时，绕组电阻测量电流不宜超过 20A，铁心的磁化极性应保持一致。要求在扣除原始差异之后，同一温度下各绕组电阻的相间差别或线间差别不大于规定值。此外，还要求同一温度下，各相电阻的初值差不超过±2%。电阻温度修正的计算公式为：

$$R_2 = R_1 \cdot \frac{T_K + t_2}{T_K + t_1} \tag{3-4}$$

式中　　T_K——常数，铜绕组 $T_K=235$，铝绕组 $T_K=225$。

无励磁调压变压器改变分接位置后、有载调压变压器分接开关检修后及更换套管后，也应测量一次。变压器绕组连同套管的直流电阻试验标准见表 3-1。

表 3-1　变压器绕组连同套管的直流电阻试验标准

例行试验项目	基准周期	要　　求
绕组直流电阻	≥220kV 时：3 年	（1）1.6MVA 以上变压器，各相绕组电阻相间的差别不应大于三相平均值的 2%（警示值），无中性点引出的绕组，线间差别不应大于三相平均值的 1%（注意值）；1.6MVA 及以下的变压器，相间差别一般不大于三相平均值的 4%（警示值），线间差别一般不大于三相平均值的 2%（注意值）。 （2）同相初值差不超过±2%（警示值）

3. 国家电网公司变电检测管理规定

（1）油浸式电力变压器和电抗器、SF_6 气体变压器。

1）1.6MVA 以上的变压器，各相绕组电阻相间的差别，不大于三相平均值的 2%（警示值）；无中性点引出的绕组，线间差别不应大于三相平均值的 1%（注意值）。

2）1.6MVA 及以下的变压器，相间差别一般不大于三相平均值的 4%（警示值）；线间差别一般不大于三相平均值的 2%（注意值）。

3）在扣除原始差异之后，同一温度下各绕组电阻的相间差别或线间差别不大于 2%（警示值）。

4）同相初值差不超过±2%（警示值）。

（2）消弧线圈、干式电抗器、干式变压器。

1）1.6MVA 以上的变压器，各相绕组电阻相互间的差别，不大于三相平均值的 2%（警示值）；无中性点引出的绕组，线间差别不应大于三相平均值的 1%（注意值）。

2）1.6MVA 及以下变压器，相间差别一般不大于三相平均值的 4%；线间差别一般不大于三相平均值的 2%。

3）各相绕组电阻与以前相同部位、相同温度下的历次结果相比，无明显差别，其差别不大于 2%。

（六）试验要点及注意事项

（1）接取试验电源，造成人身触电。电源盘使用前外观应检查良好，接电源时应由两人进行，一人操作，一人监护，并进行正确验电。

（2）试品放电不充分，造成剩余电荷伤人。试验前、后，更换接线时对被试设备进行充分放电。

（3）高压触电。试验仪器在接通、断开充电电源时，均会在变压器绕组上产生很高电压,因此,测试中严禁任何人员靠近、触碰变压器的所有套管出线端。

二、变压器的电压比、极性和联结组别试验

(一) 试验目的

检查变压器电压比(以下简称变比)、极性、联结组别的目的在于:

(1) 检查电力变压器绕组匝数比的正确性;

(2) 检查分接开关的接线状况,确定变压器分接开关的指示位置与箱内分接开关实际位置的对应情况是否正确;

(3) 检查三相变压器各电压等级绕组的联结方式是否与变压器铭牌相符,以及单相变压器的两个(或几个)绕组的感应电动势间的相位关系是否正确。

综合上述情况判定变压器是否可以并列运行。在变压器发生故障或吊心后,通过测量情况判断变压器绕组是否存在杂间短路、短路等情况。

(二) 试验准备

(1) 了解被试设备现场情况及试验条件。查阅相关技术资料,包括该设备出厂试验数据、历年试验数据及相关规程等,掌握该设备运行及缺陷情况。

(2) 试验仪器、设备准备。选择合适的被试变压器测试仪、测试线(夹)、温(湿)度计、接地线、放电棒、万用表、电源盘(带漏电保护器)、安全带、安全帽、电工常用工具、试验临时安全遮栏、标示牌等,并查阅试验仪器、设备及绝缘工器具的检定证书有效期、相关技术资料、相关规程等。

(3) 办理工作票并做好试验现场安全和技术措施。工作负责人向试验人员交代工作内容、带电部位、现场安全措施、现场作业危险点,明确人员分工及试验程序。

(三) 试验接线及方法

以三相变压器变比试验为例。

(1) 查看变压器绕组的变比及接线组别。

(2) 将变比测试仪接地端可靠接地。

(3) 根据被测变压器形式选择相应的接线方式并进行试验接线。测试单相变压器变比接线如图 3-6 所示。

(四) 操作过程

(1) 使用放电棒对被试变压器进行放电、接地。

(2) 将变压器变比测试仪(见图 3-7)放在适合位置,位置的选择应考虑测试线的长度和测试方便。

(3) 将变比测试仪的接地端子接地,连接好测试仪测的高压与低压接线。

变比测试仪配有专用测试导线;将变比测试仪的高压、低压测试线分别接到

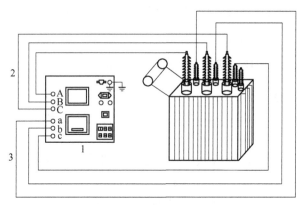

图 3-6 变压器变比测试接线图
1—变比测试仪；2—高压侧接线；3—低压侧接线

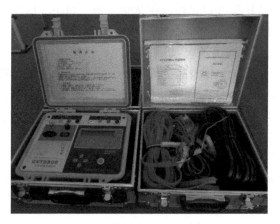

图 3-7 变压器变比测试仪

被试变压器的高、低绕组的接线端子上，高、低压测试线禁止接反，否则将产生高压，危及试验人员和仪器的安全；高、低压两侧接线应分开布防，以防止缠绕；测试线接触良好并有防脱落措施。

（4）试验人员检查自己接线正确后，请负责人复查接线，在取得试验负责人同意后，取下变压器上的接地线，准备测量该变压器变比、极性和联结组别。

（5）试验人员应站在绝缘垫上进行测试，试验前进行必要呼唱。测试过程中，试验人员应认真观察试验表计，并将手放在测试仪电源开关附近，随时警惕异常情况发生。

打开变比测试仪的电源开关，按测试仪要求输入被试变压器联结组别、额定变比、极差和总分接数。比如（仅作举例），接线组别：Y-y（因为测试时没有接 n 端黑线，只能输 Y-y，不能输 Y-y-0。）；变比：25；极差：5.00%；总分接数：3。每输入正确后，按"确定"键，进入下一参数输入，所有参数输入完成后，按"测试"键，测试仪将自动进行测试和计算。

（6）试验结束后，先关闭试验电源，再对被试变压器进行放电并接地，变压器高、低压侧均应分别放电。

（7）拆除试验接线。先拆除连接在被试变压器一侧的试验接线，再拆除测试仪一侧试验线，最后拆除测试仪的接地线。

（8）记录被试变压器的铭牌、试验性质、试验人员姓名、试验现场温度和湿度、试验日期、试验所使用仪器型号和编号等。

（9）全部工作结束后，试验人员应拆除自装的接地短路线，并对被试变压器进行检查，恢复至试验前状态。经试验负责人复查后，进行清扫，整理现场，向工作负责人交代试验项目、发现问题、试验结果等，工作方告结束。

（五）数据分析及判断

1.《电气装置安装工程电气设备交接试验标准》（GB 50150—2016）

（1）所有分接的电压比应符合电压比的规律。

（2）与制造厂铭牌数据相比，应符合下列规定：

1）电压等级在 35kV 以下，电压比小于 3 的变压器电压比允许偏差应为 ±1%；

2）其他所有变压器额定分接下电压比允许偏差不应超过±0.5%；

3）其他分接的电压比应在变压器阻抗电压值的 1/10 以内，且允许偏差应为 ±1%。

（3）检查变压器的三相接线组别和单相变压器引出线的极性，应符合下列规定：

1）变压器的三相接线组别和单相变压器引出线的极性应符合设计要求；

2）变压器的三相接线组别和单相变压器引出线的极性应与铭牌上的标记和外壳上的符号相符。

2.《输变电设备状态检修试验规程》（Q/GDW 1168—2013）

无要求。

3. 国家电网公司变电检测管理规定

（1）各相应分接的电压比顺序应与铭牌相同；检查所有分接头的电压比，与制造厂铭牌数据相比应无明显差别，且应符合电压比的规律。

（2）三相变压器的接线组别或单相变压器的极性必须与变压器的铭牌和出线端子标号相符。

（3）电压比测量中如发现电压比误差超过允许偏差：初值差不超过±0.5%（额定分接）；±1.0%（其他分接）。确定故障部位及匝数的多少可按下列方法进行。

1) 当所有分接中只有部分分接超差时，断定是高压绕组分接区错匝，应用高压某段分接绕组对低压绕组用设计匝数进行测量，以确定故障的部位和匝数。

2) 当所有分接均超差且误差相同时，应首先判断是高压绕组公用段还是低压绕组错匝。如果故障误差小于低压绕组一匝的误差，判断为高压绕组公用段错匝。如果故障误差大于两个绕组任何一个绕组一匝所引起的误差时，可根据线圈结构选择下列方法：

①如果是圆筒式线圈末端抽头的绕组，可用分接区对低压用设计匝数进行电压比测量，如果故障相与正常相相同，则说明是高压公用段错匝、而不是低压错匝，反之则是低压错匝；

②如果是分为两部分的连续式线圈，用设计匝数分别对公用线段与低压绕组进行电压比测量；

③如果故障相的上半段与下半段电压比不对时，是低压绕组错匝，若只有其中一个半段电压比不对时，则是高压半段错匝；如果高低压绕组均没有分接且无法断开时，可临时绕线匝，用低压绕组对临时匝进行电压比测量，以确定故障绕组。

（六）试验要点及注意事项

（1）接测试线前必须对变压器进行充分放电。

（2）试验电源应与使用仪器的工作电源相同。

（3）接测试线时必须知晓变压器的极性或接线组别。

（4）测量操作顺序必须按仪器的说明书进行，熔断器额定电流 1 为 2A，熔断器额定电流 2 为 0.5A，连接线要保持接触良好，仪器应良好接地。

（5）试验电源一般应施加在变压器高压侧，在低压侧进行测量。当变压器变比较大或容量较小时，可将试验电源加在变压器的低压侧，高压侧电压经互感器测量。互感器准确度不应低于 0.5 级。

（6）变压器需换挡测量时，必须停止测量，再进行切换。

三、变压器绕组介质损耗及电容量试验

（一）试验目的

当变压器电压等级为 35kV 及以上时，且容量在 8000kVA 及以上时，应测量介质损耗角正切值 $\tan\delta$。测试变压器绕组连同套管的介质损耗角正切值 $\tan\delta$ 的目的主要是检查变压器是否受潮、绝缘油及纸是否劣化、绕组上是否附着油泥及存在严重局部缺陷等，它是判断变压器绝缘状态的一种较有效的手段。近年来，随着变压器绕组变形测试的开展，测量变压器绕组的 $\tan\delta$ 及电容量可以作为绕组变形判断的辅助手段之一。

(二) 试验准备

(1) 应在良好的天气情况下及试品和环境温度不低于+5℃、空气相对湿度不大于80%的条件下进行。

(2) 使用抗干扰介质损耗测试仪。

(3) 检阅历年的试验报告。

(4) 准备绝缘手套和绝缘鞋，试验人员接试验线时必须戴绝缘手套，穿绝缘鞋。

(5) 抄录被试设备铭牌，记录现场环境温度、湿度，测量温度以顶层油温为准，各次测量时的温度应尽量接近。

(6) 采用不拆线的试验方法。试验前应安排人员拆除被试验变压器低压绕组及中性点绕组套管连接线，将被试验变压器所有绕组短路接地进行充分放电，避免剩余电荷干扰测试。

(7) 采用拆线的试验方法。试验前应安排人员拆除被试验变压器高、中、低压绕组及中性点绕组套管连接线，将被试验变压器所有绕组短路接地进行充分放电，避免剩余电荷干扰测试。

(三) 试验接线及方法

(1) 拆除变压器高压、中压、低压、中性点套管引线，将变压器绕组分别进行短接：220kV、500kV自耦变压器分别短接高中压绕组两端A-N和低压绕组两端a-x。

(2) 测试高压、中压绕组对低压绕组及地的介质损耗和电容量，低压绕组短接后接地，将介质损耗测试仪的高压输出端（芯线）与短接后的高中压绕组连接，采用反接法，选定电压10kV进行测量，分别记录电容量及介质损耗值。接线方式如图3-8所示。

(3) 测试低压绕组对高压、中压绕组及地的介质损耗和电容量，高压、中压绕组短接后接地，将介质损耗测试仪的高压输出端（芯线）与短接后的低压绕组连接，采用反接法，选定电压10kV进行测量，分别记录电容量及介质损耗值，接线方式如图3-9所示。

(4) 测试高压、中压绕组、低压绕组对地的介损和电容量，高压绕组、低压绕组分别短接后连接在一起，介质损耗测试仪的高压输出端（芯线）与短接后的高中压绕组、低压绕组连接，采用反接法，选定电压10kV进行测量，分别记录电容量及介质损耗值，接线方式如图3-10所示。

(四) 操作过程

该操作过程中使用的试验仪器为HV9003高压变频抗干扰介质损耗测试仪，如图3-11所示。

(1) 操作员接取电源，先插仪器端，再接电缆卷盘，打开电缆卷盘电源，

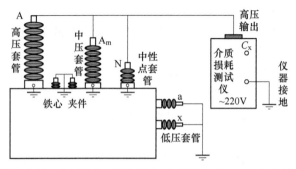

图 3-8 测量高压、中压绕组对低压绕组及地的介质损耗和电容量试验接线

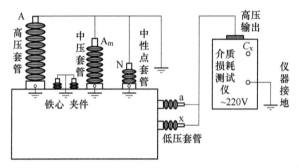

图 3-9 测量低压绕组对高中压绕组及地的介质损耗和电容量试验接线

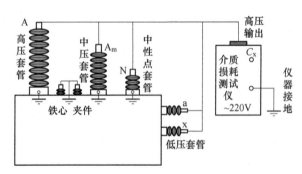

图 3-10 测量高中压、低压绕组对地的介质损耗和电容量试验接线

打开仪器"总电源"。利用"上下左右"按键和"确认"键,在显示屏上,根据测试方法选择:正接线或反接线,电压为10kV或1kV。

(2) 操作员请求加压;工作负责人允许加压。

(3) 操作员打开"高压允许"开关,长按"确认"键,听到响声后,开始测量;操作员的手应放在"总电源"开关附近,随时警戒异常情况的发生。

(4) 测量完成后,关闭"高压允许"开关。

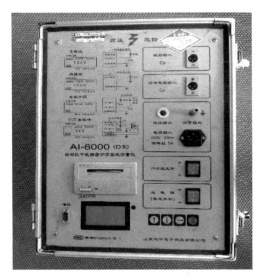

图 3-11 高压变频抗干扰介质损耗测试仪示意图

(5) 操作员读出测试结果，记录员复诵并记录。

(6) 操作员关闭"总电源"开关，关闭电缆卷盘开关，拔掉仪器的电源线。

（五）数据分析及判断

1.《电气装置安装工程电气设备交接试验标准》(GB 50150—2016)

测量绕组连同套管的介质损耗因数（tanδ）及电容量，应符合下列规定：

(1) 当变压器电压等级为 35kV 及以上且容量在 10000kVA 及以上时，应测量介质损耗因数（tanδ）；

(2) 被测绕组的 tanδ 值不宜大于产品出厂试验值的 130%，当大于 130%时，可结合其他绝缘试验结果综合分析判断；

(3) 当测量时的温度与产品出厂试验温度不符合时，可按该标准附录 C 表换算到同一温度时的数值进行比较；

(4) 变压器本体电容量与出厂值相比允许偏差应为±3%。

2.《输变电设备状态检修试验规程》(Q/GDW 1168—2013)

测量宜在顶层油温低于 50℃ 且高于零度时进行，测量时记录顶层油温和空气相对湿度，非测量绕组及外壳接地，必要时分别测量被测绕组对地、被测绕组对其他绕组的绝缘介质损耗因数。测量绕组绝缘介质损耗因数时，应同时测量电容值，若此电容值发生明显变化，应予以注意。分析时应注意温度对介质损耗因数的影响。

变压器绕组介质损耗及电容量试验标准见表 3-2。

表 3-2 变压器绕组介质损耗及电容量试验标准

例行试验项目	基准周期	要　　求
绕组绝缘介质损耗因数（20℃）	(1) ≥110（66）kV 时：3 年； (2) ≤35kV 时：4 年	(1) ≥330kV 时：≤0.005（注意值）； (2) 110（66）~220kV：≤0.008（注意值）； (3) ≤35kV 时：≤0.015（注意值）

3. 国家电网公司变电检测管理规定

20℃时的介质损耗因数：

(1) 330kV 及以上：不大于 0.005（注意值）；

(2) 110(66)~220kV：不大于 0.008（注意值）；

(3) 35kV 及以下：不大于 0.015（注意值）。

绕组电容量：与上次试验结果相比无明显变化。

（六）试验要点及注意事项

(1) 防止高处坠落。应使用变压器专用爬梯上下，在变压器上作业应系好安全带。对 110kV 变压器，需解开高压套管引线时，宜使用高空作业车，严禁徒手攀爬变压器高压套管。

(2) 防止高处落物伤人。高处作业，上下传递物件应用绳索挂牢传递，严禁抛掷。

(3) 防止工作人员触电。拆、接试验接线前，应将被试设备对地放电。加压前应与检修负责人协调，不允许有交叉作业。工作人员应与带电部位保持足够的安全距离。试验仪器的金属外壳应可靠接地，试验结束后先断开高压电源，然后断开试验电源。

四、变压器工频交流耐压试验

（一）试验目的

交流耐压试验是鉴定电力设备绝缘强度最有效和最直接的方法，电力设备在运行中，绝缘长期受着电场、温度和机械振动的作用会逐渐发生劣化，其中包括整体劣化和部分劣化，形成缺陷。

各种例行试验方法，各有所长，均能分别发现一些缺陷，反映出绝缘的状况，但其他试验方法的试验电压往往都低于电力设备的工作电压，但交流耐压试验一般比运行电压高，因此通过试验已成为保证变压器安全运行的一个重要手段。

（二）试验准备

(1) 填写第一种工作票，编写作业控制卡、质量控制卡，办理工作许可手续。

(2) 向工作班组人员交代危险点告知,交代工作内容、人员分工、带电部位,并履行确认手续后开工。

(3) 准备试验用仪器、仪表、工具,所用仪器仪表良好,所用仪器、仪表、工具在合格周期内。

(4) 检查电机、变压器外壳,及测试设备应可靠接地。

(5) 利用绝缘操作杆带地线上去将变压器带电部位放电。

(6) 放电后,拆除变压器高压、中压低压引线,其他作业人员撤离现场。

(7) 检查变压器外观,清洁表面污垢。

(8) 接取电源,先测量电源电压是否符合试验要求,电源线必须牢固,防止突然断开,检查漏电保护装置是否灵敏动作。

(9) 试验现场周围装设试验围栏,并派专人看守。

(三) 试验接线及操作过程

首先需要选择电压合适的试验变压器,当试验电压比较高时,可采用多级串接式试验变压器。此外,还应考虑试验变压器所需低压侧电压是否与现场电源电压、调压器相匹配等问题。有绕组的被试品进行耐压试验时,应将被试品绕组自身的两端短接,非被试品绕组亦应短接并与外壳连接后接地。交流耐压试验时加至试验电压后的持续时间,如无特殊说明则均为1min。升压必须从0开始,切不可冲击合闸。升压速度在75%试验电压以前,可以是任意的,自75%电压开始应均匀升压,约为每秒2%试验电压的速率升压。耐压设备连线情况如图3-12所示。

图3-12 耐压设备接线情况

试验接线及操作过程如下:

(1) 先将被试品绕组A、B、C三相用裸铜线短路连接;

(2) 其余绕组也用裸铜线短路连接,并与外壳一起接地;

（3）将变压器、保护球隙、分压器、接地棒可靠接地（接地线采用4mm及以上的多股裸铜线或外覆透明绝缘层的铜质软绞线）；

（4）将高压控制箱的接地线街道变压器高压尾上；

（5）连接控制箱与试验变压器的高压侧接线；

（6）导线连接变压器高压端、保护球隙高压端和分压器高压端；

（7）连接分压器和测量仪器；

（8）接线完毕，检查所有接线是否正确；

（9）调节保护球隙间隙，与试验电压的1.1~1.2倍相应，连续3次不击穿，每次从零开始升压，每次耐压调整球隙时要放电；

（10）高压引线连接变压器高压端、变压器绕组；

（11）开始从零升压，升压时应相互呼唱，监视电压表、电流表的变化，升压时，要均匀升压，升至规定试验电压时，开始计时，1min时间到后，缓慢均匀降压，降至零点，再依次关闭电源；

（12）试验中若发现表针摆动或被试品有异常声响、冒烟、冒火等，应立即降下电压，拉开电源，在高压侧挂上接地线后，再查明原因；

（13）试验完毕，整理现场。

（四）数据分析及判断

1.《电气装置安装工程电气设备交接试验标准》（GB 50150—2016）

额定电压在110kV以下的变压器，线端试验应按本标准附录表D.0.1进行交流耐压试验。

绕组额定电压为110(66)kV及以上的变压器，其中性点应进行交流耐压试验，试验耐受电压标准应符合本标准附录表D.0.2的规定，并应符合下列规定。

（1）试验电压波形应接近正弦，试验电压值应为测量电压的峰值除以$\sqrt{2}$试验时应在高压端监测。

（2）外施交流电压试验电压的频率不应低于40Hz，全电压下耐受时间应为60s。

（3）感应电压试验时，试验电压的频率应大于额定频率。当试验电压频率小于（或等于）2倍额定频率时，全电压下试验时间为60s；当试验电压频率大于2倍额定频率时，全电压下试验时间的计算公式为：

$$t = 120X\frac{f_N}{f_s}$$

式中　f_N——额定频率；

　　　f_s——试验频率；

　　　t——全电压下试验时间，不应少于15s。

2. 输变电设备状态检修试验规程（Q/GDW 1168—2013）

无要求。

3. 国家电网公司变电检测管理规定

（1）试验中如无破坏性放电发生，且耐压前后绝缘无明显变化，则认为耐压试验通过。

（2）在升压和耐压过程中，如发现电压表指示变化很大，电流表指示急剧增加，调压器往上升方向调节，电流上升、电压基本不变甚至有下降趋势，被试品冒烟、出气、焦臭、闪络、燃烧或发出击穿响声（或断续放电声），应立即停止升压，降压、停电后查明原因。这些现象如查明是绝缘部分出现的，则认为被试品交流耐压试验不合格。如确定被试品的表面闪络是由于空气湿度或表面脏污等所致，应将被试品清洁干燥处理后，再进行试验。

（3）被试品为有机绝缘材料时，试验后如出现普遍或局部发热，则认为绝缘不良，应立即处理后，再做耐压。

（4）试验中途因故失去电源，在查明原因，恢复电源后，应重新进行全时间的持续耐压试验。

（五）试验要点及注意事项

（1）大型变压器试验前先排除被试变压器的内部气体。

（2）在试验过程中，若由空气湿度、温度、表面脏污等的影响，引起被试品表面滑散放电或空气放电，不应认为被试品的内绝缘不合格，需经清洁、干燥处理之后，再进行试验。

（3）高压引线与其他接地体之间应保持足够的安全距离。

（4）高压引线、测量线、接地线等必须连接可靠，并有足够的安全距离。

（5）操作人员应穿绝缘鞋并站在绝缘垫上。

（6）应采用高压数字伏表从高压侧直接测量试验电压。

（7）升压必须零开始，不可冲击合闸。升压速度在40%试验电压以内可不受限制，然后均匀升压，速度约为每秒3%的试验电压。

（8）在升压和耐压过程中，如发现电流表指示急剧增加，调压器往上升方向调节，出现电流上升、电压基本不变甚至有下降的趋势，被试品冒烟、焦臭、闪络、燃烧或发出击穿响声，应立即停止升压，降压停电后检查原因。这些现象如查明是绝缘部分出现的，则认为被试品交流耐压试验不合格。如确定被试品的表面闪络是由于空气湿度或表面脏污等所致，应将被试品清洁干燥处理后，再进行试验。

第三节　变压器套管常规试验

变压器套管是变压器箱外的主要绝缘装置，变压器绕组的引出线必须穿过绝缘套管，使引出线之间及引出线与变压器外壳之间绝缘，同时起固定引出线的作用。因电压等级不同，绝缘套管有纯瓷套管、充油套管和电容套管等形式。纯瓷套管多用于 10kV 及以下变压器，它是在瓷套管中穿一根导电铜杆，瓷套内为空气绝缘；充油套管多用在 35kV 级变压器，它是在瓷套管充油，在瓷套管内穿一根导电铜杆，铜杆外包绝缘纸；电容式套管用于 100kV 以上的高电压变压器上，由主绝缘电容芯子、外绝缘上下瓷件、连接套筒、油枕、弹簧装配、底座、均压球、测量端子、接线端子、橡皮垫圈、绝缘油等组成。

一、变压器套管主绝缘电阻及末屏绝缘试验

（一）试验目的

（1）检查套管绝缘是否整体受潮。

（2）检查套管表面是否脏污以及是否存在贯穿性的集中缺陷。

（二）试验准备

（1）绝缘电阻测试前应注意现场天气情况，试验应在天气良好的情况下进行，雨、雪、大风、雷雨天气时严禁进行测试。

（2）使用的测试仪器为 2500V 或 5000V 绝缘电阻表，绝缘电阻表容量一般要求输出电流不小于 3mA。

（3）试验前必须对绝缘电阻表及试验线进行检查，确保试验线无开断和短路现象。绝缘电阻表建立电压后分别短接 L、E 端子和分开 L、E 端子，绝缘电阻表应分别显示零或无穷大。

（4）查阅历年的试验报告。

（5）准备绝缘手套和绝缘鞋，试验人员接试验线时必须戴绝缘手套，穿绝缘鞋。

（6）抄录被试设备铭牌，记录现场环境温度、湿度。

（7）试验前安排人员解开套管末屏与变压器外壳连接。

（三）试验步骤及方法

试验接线图如图 3-13~图 3-15 所示。

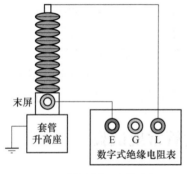

图 3-13 电容型套管一次对末屏的绝缘电阻测量接线

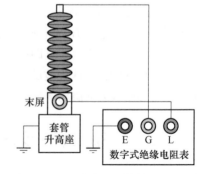

图 3-14 电容型套管末屏绝缘电阻测量接线

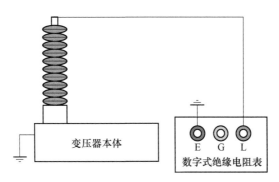

图 3-15 瓷套管绝缘电阻测量的接线

(1) 测试绕组引出套管对末屏的绝缘电阻，将数字式绝缘电阻表的 E 端与套管的末屏连接，L 端（高压线）与绕组套管导电杆连接，测试电压选定 2500V，测试 1min，记录数值。

(2) 测试末屏对地的绝缘电阻，将数字式绝缘电阻表的 E 端与地连接，L 端（高压线）与套管末屏连接，测试电压选定 2500V，测试 1min，记录数值。

(3) 测试瓷套管的绝缘电阻时，将数字式绝缘电阻表的 E 端与地连接，L 端（高压线）套管导电杆连接，测试电压选定 2500V，测试 1min，记录数值。

(4) 试验时，设备与绝缘电阻表高压输出线连接的部分不能有接地点。

(5) 读取数据时，数据不能大范围跳动。

(6) 试验前和试验后，被试验变压器的放电应充分。

(四) 操作过程

试验过程中要进行呼唱和加强监护，然后操作员打开电源开关兆欧表自检。自检后，打开电源，按"电压选择"键，选择电压 2500V，请求加压；工作负责人允许加压；操作员按压"启动（停止）"键；操作员的手应放在"启动（停止）"键附近，随时警戒异常情况的发生。测量数据稳定后，操作员按压"启动（停止）"键，读取绝缘电阻值，记录员复诵并记录。操作员关闭电源（"关"）。

(五) 数据分析及判断

1. 《电气装置安装工程电气设备交接试验标准》（GB 50150—2016）

(1) 套管主绝缘电阻值不应低于 10000MΩ。

(2) 末屏绝缘电阻值不宜小于 1000MΩ。当末屏对地绝缘电阻小于 1000MΩ 时，应测量其 tanδ 时，不应大于 2%。

2. 输变电设备状态检修试验规程（Q/GDW 1168—2013）

检测套管本体、引线接头等，红外热像图显示应无异常温升、温差和/或相对温差。

变压器套管主绝缘电阻及末屏绝缘试验标准见表3-3。

表3-3 变压器套管主绝缘电阻及末屏绝缘试验标准

例行试验项目	基准周期	要 求
绝缘电阻	≥10（66）kV时：3年	（1）主绝缘：≥10000MΩ（注意值）； （2）末屏对地：≥1000MΩ（注意值）

3. 国家电网公司变电检测管理规定

变压器套管主绝缘电阻及末屏绝缘试验标准见表3-4。

表3-4 变压器套管主绝缘电阻及末屏绝缘试验标准

设备	项 目	标 准
套管	绝缘电阻	（1）主绝缘：≥10000MΩ（注意值）； （2）末屏对地：≥1000MΩ（注意值）

（六）注意事项

（1）被试品表面脏污或潮湿时，会形成表面泄漏通道，使绝缘电阻明显降低，可用干燥清洁柔软的布擦去被试品外绝缘表面的脏污，必要时用适当的清洁剂洗净。

（2）采用表面屏蔽法排除外绝缘表面泄漏的影响，可在被试品瓷套上装设屏蔽环（用细裸金属丝紧扎1~2圈）接到绝缘电阻表屏蔽端子G端。屏蔽环应接在靠近绝缘电阻表高压端L端所接的瓷套端子，远离接地部分，以免造成绝缘电阻表过载，使端电压急剧降低，影响测量结果。

（3）试验前需将被试品接地放电。重复试验时，必须将被试品对地充分放电，保证测量结果的准确性。

（4）试验结束后要检查试品的末屏弹簧是否有弹性，接地铜套是否完全弹起，确认接地铜套与引线柱间滑动顺畅。恢复末屏后，使用万用表计测量末屏是否接地良好，避免末屏与外壳接触不良，造成末屏对外壳放电。

二、变压器套管介质损耗及电容量试验

（一）试验目的

（1）检查套管是否受潮，绝缘是否老化，油质是否劣化。

（2）检查套管是否存在严重的局部缺陷。

（二）试验前的准备

（1）试验所需仪器为介质损耗测试仪一台及附件（测试线）、电源盘一个、数字万用表一台。

（2）搜集以往的试验报告。

(3) 试验前应安排人员拆除被试验变压器绕组两端连接线,将被试验变压器所有绕组短路接地进行充分放电,以免干扰测试。

(三) 试验步骤与方法

高压套管与末屏介质损耗试验接线如图 3-16 所示,套管末屏对地介质损耗试验接线如图 3-17 所示。

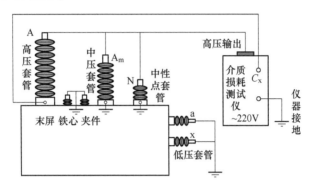

图 3-16　套管介质损耗测试接线

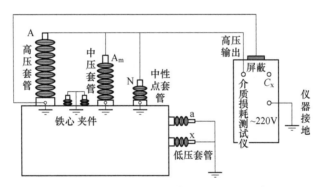

图 3-17　套管末屏对地介质损耗测试接线

(1) 将变压器高压绕组两端 A-A_m-N 短接。

(2) 以高压侧套管为例,介质损耗测试仪的高压输出线与短接后的高压绕组连接,测量线与套管的末屏连接,选定电压 10kV,采用正接线法进行测量,记录测试数据并记录温、湿度。测试中压侧和中性点套管时,只需将测量线移至相关套管的末屏进行测试即可,但需注意,非测试套管的末屏必须可靠接地。

(3) 试验时,与介质损耗测试仪高压输出线连接的部分不得有接地点。

(4) 试验前和试验后,被试验变压器的放电应充分。

(四) 操作过程

(1) 操作员接取电源,先插仪器端,再接电缆卷盘,打开电缆卷盘电源,打开仪器"总电源"。

(2) 利用"上下左右"按键和"确认"键,在显示屏上,根据测试方法选择:正接线或反接线,电压为2kV或10kV,频率50Hz。

(3) 操作员请求加压;工作负责人允许加压。

(4) 操作员打开"高压允许"开关,长按"确认"键,听到响声后,开始测量;操作员的手应放在"总电源"开关附近,随时警戒异常情况的发生。

(5) 测量完成后,关闭"高压允许"开关。

(6) 操作员读出测试结果,记录员复诵并记录。

(7) 操作员关闭"总电源"开关,关闭电缆卷盘开关,拔掉仪器的电源线。

(五) 数据分析及判断

1. 《电气装置安装工程电气设备交接试验标准》(GB 50150—2016)

测量20kV及以上非纯瓷套管的主绝缘介质损耗因数 $\tan\delta$ 的和电容值,应符合下列规定:

(1) 在室温不低于10℃的条件下,套管主绝缘介质损耗因数 $\tan\delta$ 应符合表3-5的规定;

(2) 电容型套管的实测电容量值与产品铭牌数值或出厂试验值相比,允许偏差应为±5%。

表3-5 变压器套管主绝缘介质损耗因数 $\tan\delta$ 标准

套管主绝缘类型	$\tan\delta$ 最大值/%
油浸纸	0.7(当 $U_m \geq$ 500kV 时为 0.5)
胶浸纸	0.7
胶粘纸	1.0(当 $U_m \leq$ 35kV 时为 1.5)
气体浸渍膜	0.5
气体绝缘电容式	0.5
浇铸或模塑树脂	1.5(当 $U_m =$ 750kV 时为 0.8)
油脂覆膜	0.5
胶浸纤维	0.5
组合	同供需双方协定
其他	同供需双方协定

2. 输变电设备状态检修试验规程 (Q/GDW 1168—2013)

变压器套管主绝缘介质损耗因数 $\tan\delta$ 标准见表3-6。

表 3-6 变压器套管主绝缘介质损耗因数 tanδ 标准

例行试验项目	基准周期	要 求
电容量和介质损耗因数（20℃）（电容型）	≥110（66）kV 时：3 年	（1）电容量初值差不超过±5%（警示值）； （2）介质损耗因数 tanδ 满足下表要求（注意值）

（1）超过注意值时，对于变压器套管，被测套管所属绕组短路加压，其他绕组短路接地。如果试验电压加在套管末屏的试验端子，则必须严格控制在设备技术文件许可值以下（通常为 2000V），否则可能导致套管损坏。

（2）测量前应确认外绝缘表面清洁、干燥。如果测量值异常（测量值偏大或增量偏大），可测量介质损耗因数与测量电压之间的关系曲线，测量电压从 10kV 到 $U_m\sqrt{3}$，介质损耗因数的增量应不超过±0.003，且介质损耗因数不大于 0.007（$U_m \geq 550kV$）、0.008（$U_m = 363kV/252kV$）、0.01（$U_m = 126kV/72.5kV$）。分析时应考虑测量温度影响。

不便断开高压引线且测量仪器负载能力不足时，试验电压可加在套管末屏的试验端子，套管高压引线接地，把高压接地电流接入测量系统。此时试验电压必须严格控制在设备技术文件许可值以下（通常为 2000V），要求与上次同一方法的测量结果相比无明显变化。出现异常时，需采用常规测量方法验证。

3. 国家电网公司变电检测管理规定

变压器套管主绝缘介质损耗因数 tanδ 标准见表 3-7。

表 3-7 变压器套管主绝缘介质损耗因数 tanδ 标准

设备	项目	标 准
高压套管	电容量	（1）与初始值相比无明显变化； （2）电容量初值差不超过±5%（警示值）
	介质损耗因数（20℃）	（1）72.5～126kV 时：≤0.01（注意值）； （2）252～363kV 时：≤0.008（注意值）； （3）≥550kV 时：≤0.007（注意值）； （4）聚四氟乙烯缠绕绝缘：≤0.005

（六）注意事项

（1）被试品表面脏污或潮湿时，会形成表面泄漏通道，可用干燥清洁柔软的布擦去被试品外绝缘表面的脏污和潮湿，不宜采用加接屏蔽环来防止表面泄漏电流的影响，否则电场分布被改变，测量数据不可信。

（2）测量被试品时，仪器接到试品导电杆顶端的高压引线，应尽量远离试品中部法兰、被试品周围的构架和引线，有条件时高压引线最好自上部向下引到试品，以免杂散电容影响测量结果。

(3) 对变压器套管进行试验时要确保试验接线正确,因为变压器绕组存在电感和空载损耗,如果接线不正确会出现较大的测量误差。为了消除和减少测量误差,应将与被试套管相连的所有绕组端子连在一起加压,其余绕组端子均接地。但需注意,非测试套管的末屏必须可靠接地。

第四节 变压器绝缘油试验

变压器绝缘油试验按照不同的试验性质对应不同范围的试验项目,本书主要用于指导和培训生产现场的检修试验人员的日常工作,故本节主要对例行试验项目的介绍。

例行试验项目包括:
(1) 击穿电压;
(2) 介质损耗因数;
(3) 水分;
(4) 油中含气量;
(5) 油中颗粒度;
(6) 油中溶解气体组分含量色谱分析。

一、电压击穿测定

(一) 试验目的

变压器油的击穿电压是衡量它在电气设备内部能耐受电压的能力而不被破坏的尺度,是检验变压器油性能好坏的主要手段之一。它实际上是测量绝缘油的瞬时击穿电压值。油的击穿电压越低,变压器的整体绝缘性能越差,直接影响变压器的安全运行;新油可能由于提纯、运输、保管不当而影响其击穿电压,运行中油受各种因素影响使其电气性能劣化,因此必须严格测试,并将变压器油击穿电压控制在不同范围内。

(二) 试验方法

变压器油击穿电压测量的试验方法按《绝缘油击穿电压测定法》(GB/T 507—2002) 的规定进行。电极的形状、电极间距、电极表面状况对试验结果影响最为明显。220kV 及以下设备采用平板电极,500kV 设备采用球型和球盖型电极。

(三) 试验仪器

试验仪器推荐使用全自动击穿电压测试仪-油试验器,整套仪器应满足以下条件:

(1) 油杯。油杯用绝缘材料制成,有效容积在 350~600mL,应透明,对绝缘油及所用清洗剂具有化学惰性，并带有封盖，在清洗和保养时能容易取出电极。油杯置于绝缘架上，油杯端加压，另一端接地。

（2）电极。电极由磨光的铜、黄铜或不锈钢磨制而成，形状可以是平板形、球形或球盖形（蘑菇形），几何尺寸应满足《绝缘油击穿电压测定法》（GB/T 507—2002）的规定。电极轴心应水平，电极浸入试样的深度应至少为40mm；电极任一部分离杯壁或搅拌器距离不小于12mm，电极间距为2.5mm±0.05mm；应经常检查电极是否有损坏或凹痕，若有，应立即维修或更换；电极浸入试样的深度应至少为40mm；电极任一部分离杯壁或搅拌器距离不小于12mm，电极间距为2.5mm±0.05mm；应经常检查电极是否有损坏或凹痕，若有，应立即维修或更换。

（3）调压装置。采用自动升压系统，可采用自耦式调压器或电阻分压器。

（4）变压器。采用低压侧电源为50Hz的升压变压器；高压侧输出电压波形应为近似正弦波，峰值因数应在1±5%范围内，升压速度控制在2kV/s，并且当电压大于15kV时，变压器的最小短路电流应大于20mA。

（5）保护装置。该装置包括试验电极串联的限流电阻和接在初级线路上的断路器，断路器应在试样击穿后20ms内受击穿电流作用而动作，以保护试验设备。

（6）其他部分。仪器应有自动搅拌器、安全防尘罩，应具有自动显示和记录击穿电压值、计算平均值和规定值偏差、打印试验结果的功能。搅拌器由双叶转子叶片构成，其有效直径20~25mm，深度5~10mm，并以250~300r/min的速率转动。搅拌不应带入空气泡，并使绝缘油以垂直向下的方向流动。设计时要考虑到清洗方便。

（四）试品取样

试品按《电力用油（变压器油、汽轮机油）取样方法》（GB/T 7597—2007）规定的方法取样。样品体积约为试样杯容量的3倍，取样时，应留出3%的容器空间，无特殊要求时取油量为1000mL，样品容器宜使用棕色玻璃瓶（若用透明玻璃瓶，应在试验前避光储藏），也可用不与绝缘油作用的塑料容器，但不能重复使用；为了密封，应使用带聚乙烯或聚四氟乙烯材质垫片的螺纹塞；取绝缘油最易带来杂质的地方，一般为容器底部。将油样注入油瓶，塞紧瓶口；在瓶外贴上标签，注明取样时间、地点、设备（相）名称。

（五）试验步骤

进行试验时，除非另有规定，试样一般不进行干燥或排气。整个试验过程中，试样温度和环境温度之差不大于5℃，仲裁试验时试样温度应为20℃±5℃。

试验按如下要求进行。

（1）熟悉仪器使用说明书，并按要求连接试验仪器并调试正常，并经计量部门检定合格。

(2) 首次使用时应拆卸电极,用清洗剂彻底清洗电极和油杯,再用蒸馏水清洗几遍,用电吹风彻底吹干。安装电极时要用标准规调整电极间隙到 2.5mm,正常使用情况下不必每次拆洗电极。

(3) 试样在倒入试样杯前,轻轻摇动翻转盛有试样的容器数次,以使试样中的杂质尽可能分布均匀而又不形成气泡,避免试样与空气不必要的接触。试验前应倒掉试样杯中原来的绝缘油,立即用待测试样清洗杯壁、电极及其他各部分,再缓慢倒入试样,并避免生成气泡。将试样杯放入测量仪上,如使用搅拌,应打开搅拌器,测量并记录试样温度。将平衡到室温的试油倒入油杯,并洗刷两次,最后倒入油杯的试油油面超过电极 40mm 为宜。

(4) 盖上安全防尘罩、选定标准值、按"开始"键,仪器自动开始测试。每测试完一次,仪器打印一次击穿电压值,在测试完六次后,仪器打印出六次击穿电压的平均值和标准值偏差。

(六) 注意事项

(1) 先要检测交流电源,在保证仪器要求的情况下才能接通电源。

(2) 仪器外壳和接地点应可靠接地。

(3) 油杯和电极清洗后,严禁用手或不洁净物接触。

(4) 油杯较长时间未用或测得击穿电压值过低(低于 10kV)时,应按要求重新清洗。

(5) 温度 15~35℃,环境相对湿度不得大于 75%。

(6) 确认仪器检定有效期,标准规定应定期检定,其厚度应保证在 2.5mm±0.05mm 之内。

(7) 样品和规定值偏差大于 10% 时应引起注意,应重复取样做平行试验,以便证实是否是由操作不当所引起。

(七) 试验数据分析与判断

影响击穿电压的因素很多,其测量值主要取决于含水量、杂质含量、类型及所使用的试验方法,因此,对测试结果应根据表 3-8 规定做出判定。

表 3-8 变压器油耐压规定值

要求		检验方法
投运前/kV	运行中/kV	
(1) 500kV 时:≥60; (2) 110~220kV 时:≥40; (3) ≤35kV 时:≥35	(1) 500kV 时:≥50; (2) 110~220kV 时:≥435; (3) ≤35kV 时:≥30	电极形状应严格按相应试验方法的规定执行,表中指标是 220kV 及以下设备采用平板电极,500kV 设备采用球型和球盖型电极

二、介质损耗因数测量

（一）试验目的

在交变电场的作用下，电介质内部流过的电流向量和电压向量之间的夹角 γ（功率因数角）的余角（δ）的正切值。变压器油介质损耗因数是衡量变压器油本身绝缘性能和被杂质污染程度的重要参数，油的损耗因数越大，变压器的整体介质损耗因数也就越大，绝缘电阻相应降低，油纸绝缘的寿命也会缩短。当油被污染或老化而生成一系列氧化产物时，油中 $\tan\delta$ 增加。

（二）试验方法

变压器油介质损耗因数试验方法按《液体绝缘材料相对电容率、介质损耗因数和直流电阻率的测量》（GB/T 5654—2007）的规定进行。

（三）试验仪器

变压器油介质损耗因数测量试验一般采用电桥及配套装置或介损仪进行测量，具体要求如下：

(1) 主机，具有分辨率为 10^{-5} 的交流（工频）电桥；

(2) 电极杯，采用零件易于拆卸和清洗、重新装配后空杯电容量不易改变的三端电极杯；

(3) 恒温加热装置，应能保持温度在规定值±0.5℃以内。

（四）试品取样

试品按《电力用油（变压器油、汽轮机油）取样方法》（GB 7597—2007）规定的方法取样。

（五）试验步骤

(1) 熟悉仪器使用说明书，并按要求连接试验仪器并调试正常，并经计量部门检定合格。

(2) 完全拆卸电极杯，先用丙酮、后用洗涤剂彻底清洗，再用蒸馏水清洗几遍，并放到蒸馏水中煮沸 1h，然后放在鼓风干燥箱里干燥 1~2h 后，再重新装配电极。

(3) 测量空杯介质损耗应接近零、电容量应在规定值范围内。

(4) 用试油洗刷两次油杯，正式测试时按规定量（一般为 40~45mL）倒入试油。

(5) 接通恒温控制装置，给试油加温至规定温度 90℃，按规定施加电压、测试，测试过程不宜超过 10min。

(6) 如使用自动介损测量仪，设置参数按"开始"键即可自动完成测试过程。

对于新仪器，(1)~(3) 项必须实施，而在正常使用情况下，可不必每次都实施。

（六）注意事项

(1) 先检测交流电源，在保证仪器要求的情况下才能接通电源。

(2) 仪器外壳和接地点应可靠接地。

(3) 确认仪器检定的有效期限。

(4) 自动介质损耗测量仪电源不宜接在磁饱和稳压电源上。

(5) 油杯清洗后严禁用手或不洁净物接触电极。

(6) 油杯使用时间较长或受到严重污染（介质损耗因数超过10%）后应清洗和测量空杯介质损耗因数。

(7) 测试下一个油样时，如果上次油样结果大于此油样对应的合格值，油杯应用介质损耗值较低的油洗刷几次后，再用试油洗两次。

(8) 装、倒试油时，内电极不宜接触任何物体。

（七）试验数据分析与判断

(1) 测量同一油样时，两次测试值之差不应大于0.0001与两个值中较大一个的25%之和。如果不能满足上述重复性要求应继续测量油样，直到满足要求，此时测量结果才能视为有效。取两次有效测量中较小的一个值作为油样的介质损耗因数。

(2) 变压器油介质损耗因数（90℃）规定值。投运前：220kV级及以下，应小于0.010；500kV级，应小于0.005。运行中：220kV级及以下，应小于0.040；500kV级，应小于0.020。

(3) 介质损耗因数的试验作为一种有效手段，在很大程度上能反映油的品质好坏，可以表征运行中油的脏污与劣化程度或油的处理结果。油中的水分是影响介质损耗因数的重要因素。一般说来，因水分造成介质损耗的增大，是基于油的电导值的增大。正是因为这个原因，油的介质损耗因数的测量不能作为独立的项目，而必须与油的氧化安定性及其他物理、化学性能一起，方能判断油是否受潮或有杂质，最后做出是否真正劣化的结论，然后确定是否进行更换或过滤处理。介质损耗因数的试验是变压器油检验监督的常用手段，具有特殊的意义。

三、含水量测定

（一）试验目的

水分是影响变压器设备绝缘老化的重要原因之一。变压器油和绝缘材料中含水量增加，直接导致绝缘性能下降并会促使油老化，影响设备运行的可靠性和使用寿命。对水分进行严格的监督，是保证设备安全运行必不可少的一个试验项目。

（二）试验方法

变压器油含水量测定方法按《运行中变压器油水分含量测定法（库仑法）》（GB/T 7600—2014）或《运行中变压器油、汽轮机油水分测定法（气相色谱法）》（GB/T 7601—2008）的规定进行。

（三）试验仪器

（1）试验仪器应是以库仑法为基础，用卡尔·费休试剂作电解液的微量水分测试仪。

（2）电解液应分为阴极液和阳极液两种。

（3）应定期用纯水或标准水分含量试剂校验仪器的准确性。

（4）其他试验器材：至少准备 1 支 2mL（或 5mL）和 100mL 注射器用于取样，还要常备一个电吹风用于干燥电解池。

（5）也可以用色谱仪测定绝缘油中的微量水。

（四）试品取样

试品按《电力用油（变压器油、汽轮机油）取样方法》（GB 7597—2007）规定的方法取样。

（五）试验步骤

（1）按说明书要求接通微量水分测试仪的电源及设置仪器参数。

（2）若电解液发生过碘现象，可以注入适量的含水甲醇或纯水予以消除。

（3）仪器稳定后，通过抽取 100mL 注射器中的油样 3~5 次将 2mL（或 5mL）注射器清洗干净，然后正式向仪器电解池中进样。进样量依油中含水量大小来定，仪器说明书有规定的按规定进行，无规定的一般次所进试样中的水分不得高于 100mg。

（六）注意事项

（1）在进样前应将进样口处及针头擦拭干净，不能用手接触上述位置。

（2）进样应迅速、利落。

（3）环境湿度越高，操作越应谨慎。夏季试验场地的相对湿度一般不应高于 85%。

（4）每次更换电解液时，应用石油醚、无水乙醇将电解池彻底清洗并用电吹风吹干。

（七）试验数据分析与判断

两次平行测试结果差值满足表 3-9 的要求时，可取其算术平均值作为测试结果。测试周期为 1 年，测试结果可参照表 3-10 进行判定。

表 3-9　变压器油样品含水范围

样品含水范围/mg·L^{-1}	允许差/mg·L^{-1}
<10	2.9
10~15	3.1
16~20	3.3
21~25	3.5
26~30	3.8
31~35	4.2

表 3-10　变压器油样品测试结果

项目	周期	要求		检验方法
		投运前	运行中	
水分 /mg·L^{-1}	1 年	(1) 550kV 时：≤10；(2) 220kV 时：≤15；(3) ≤110kV 时：≤20	(1) 550kV 时：≤15；(2) 220kV 时：≤25；(3) ≤110kV 时：≤35	GB/T 7600—2014 或 GB/T 7601—2008

四、含气量测定

（一）试验目的

变压器油溶解空气的能力很强，当空气含量过高时，在注油和运行中易在油中形成气泡，导致局部放电。即使溶解的空气不产生气泡，其中的氧气也会加速油纸绝缘老化。因此，变压器油中的含气量应控制在较低的范围内；一般 500kV 级及以上设备进行此项试验。

（二）试验方法

推荐采用两种含气量测定方法：一种为真空压差法，其方法按《绝缘油中含气量测定方法》（DL/T 423—2009）的规定进行；另一种为机械振荡法，其不是标准测定方法。

（三）真空压差法

真空压差法按如下要求进行。

（1）试验仪器是以真空压差法为基础的气体含量测定仪，另外至少准备一支 100mL 玻璃针管用于取样。

（2）仪器出厂前应由制造单位精确标定，并将标定端口封死，故仪器在使用中如未发生玻璃件的整修，则不需要再标定。

（3）试品按《电力用油（变压器油、汽轮机油）取样方法》（GB 7597—2007）规定的方法取样。

（4）试验步骤如下。

1）对脱气室抽真空，当真空度低于13.33Pa时，切断与真空泵的通路，保持15min，确认真空度无变化。

2）以样品油30~50mL冲洗脱气室内管壁后，排除清洗油，对于首次使用的仪器此步必不可少，否则正式进样的体积会受到一定影响。

3）使油样从喷嘴中成单滴（约每秒一滴）滴入脱气室，注入油样的多少，视油中含气量的高低而定。若油中含气量高，注入油样可以少些，但最少不得低于20mL。待稳定3min后准确读出脱气室中的油量和U形压差计中的压差，根据标准或仪器说明书中给出的公式计算出油中含气量。

（四）机械振荡法

（1）试验仪器主要为自动脱气振荡仪，另需准备100mL玻璃针管若干支、5mL玻璃针管至少两支。

（2）本方法虽然方便快捷、简单易行，但若不对所有针管的体积进行检定就会明显影响测量精确度，因此应用称重法对针管表观体积进行校正。

（3）试品按《电力用油（变压器油、汽轮机油）取样方法》（GB 7597—2007）规定的方法取样。

（4）试验步骤如下。

1）排除100mL玻璃针管中多余的油样，剩30mL。

2）用5mL玻璃针管抽取5mL空气注入装有试油的针管内，把此针管放入恒温50℃的振荡仪中振荡20min，再静放10min。

3）取出装有试油的针管，冷却至室温。

4）用5mL玻璃针管取出剩余的气体，记下体积。

5）记录当时的室温和大气压力。

（五）注意事项

（1）严格按取样方法取样，尤其注意试样不能接触空气。

（2）经常检查玻璃针管，特别是100mL针管密封情况。

（3）在确信待测试样在标准状况下饱和含气量不是11.5%时，应慎用机械振荡法，或以试油的真实饱和含气量代替11.5%进行计算。

（六）试验数据分析与判断

取两次平行试验结果的算术平均值为测定结果，两次测定值之差应小于平均值的10%。绝缘油含气量测试对500kV以下设备不做要求，试验周期为1年，测试数据要求见表3-11。

表 3-11　油中含气量要求值

项目	周期	要　　求		检验方法
		投运前	运行中	
油中含气量（体积分数）/%	500kV：1 年	500kV：≤1	500kV 主变压器：≤3（电抗器）：≤5	DL/T 703—2015、DL 450—1991 或 DL/T 423—2009

五、油中溶解气体气相色谱分析

（一）试验目的

变压器油中溶解气体的和气体继电器中收集的一氧化碳、二氧化碳、氢气、甲烷、乙烷、乙烯、乙炔等气体的含量，间接地反映了充油设备（变压器、互感器、电抗器、套管等）本身的实际情况，通过对这些组分的变化情况进行分析，就可以判断设备在试验或运行过程中的状态变化情况，并对判断和排除故障提供依据。

（二）产气原理

1. 绝缘油的分解

绝缘油是由许多不同分子量的碳氢化合物分子组成的混合物，分子中含有 CH_3、CH_2 和 CH 化学基团，并由 C—C 键合在一起。电或热故障的结果可以使某些 C—H 键和 C—C 键断裂，伴随生成少量活泼的氢原子和不稳定的碳氢化合物的自由基，这些氢原子或自由基通过复杂的化学反应重新化合，形成氢气和低烃类气体，如甲烷、乙烷、乙烯、乙炔等，也可能生成碳的固体颗粒及碳氢聚合物（X-蜡）。故障初期，所形成的气体溶解于油中；当故障能量较大时，也可能聚集成游离气体。碳的固体颗粒及碳氢聚合物可以沉积在设备的内部。低能量放电性故障，如局部放电，通过离子反应促使最弱的键 C—H 键（338kJ/mol）断裂，主要重新化合成氢气而积累。对 C—C 键的断裂需要较高的温度（较多的能量），然后迅速以 C—C 键（607kJ/mol）、C═C 键（720kJ/mol）和 C≡C 键（960kJ/mol）的形式重新化合成烃类气体，依次需要越来越高的温度和越来越高的能量。

乙炔是在高于甲烷和乙烷的温度（大约为 500℃）下生成的（虽然在较低温度时也有少量生成），一般为 800~1200℃，而且当温度降低时，反应迅速被抑制，作为重新化合的稳定产物而积累。因此，大量乙炔是在电弧的弧道中产生的。当然，在较低的温度下（低于 800℃）也会有少量乙炔生成。

油可起氧化反应时，伴随生成少量的 CO 和 CO_2，并且 CO 和 CO_2 能长期积累,成为数量显著的特征气体。油碳化生成碳粒的温度在 500~800℃。

2. 固体绝缘材料的分解

纸、层压板或木块等固体绝缘材料分子内含有大量的无水右旋糖环和弱的 C—O 键及葡萄糖钳键,它们的热稳定性比油中的碳氢键要弱,并能在较低的温度下重新化合。聚合物裂解的有效温度高于 105℃,完全裂解和碳化高于 300℃,在生成水的同时,生成大量的 CO 和 CO_2,及少量烃类气体和味喃化合物,同时被油氧化。CO 和 CO_2 的形成不仅随温度升高而增加,而且随油中氧的含量和纸的湿度的增大而增加。

概括上述的要点,不同故障类型产生的主要特征气体和次要特征气体见表 3-12。

表 3-12 不同故障类型产生的气体

故障类型	主要气体组分	次要气体组分
油过热	CH_4,C_2H_4	H_2,C_2H_6
油和纸过热	CH_4,C_2H_4,CO,CO_2	H_2,C_2H_6
油纸绝缘中局部放电	H_2,CH_4,CO	C_2H_2,C_2H_6,CO_2
油中火花放电	H_2,C_2H_2	
油中电弧	H_2,C_2H_2	CH_4,C_2H_4,C_2H_6
油和纸中电弧	H_2,C_2H_2,CO,CO_2	CH_4,C_2H_4,C_2H_6

注:进水受潮或油中气泡可能使氢气含量升高。

分解出的气体形成气泡,在油中扩散,不断地溶解在油中。这些故障气体的组成和含量与故障的类型及其严重程度有密切关系。因此,分析溶解于油中的气体,就能尽早发现设备内部存在的潜伏性故障,并可随时监视故障的发展状况。

在变压器里,当产气速率大于溶解速率时,会有一部分气体进入气体继电器或储油柜中。当变压器的气体继电器内出现气体时,分析其中的气体,同样有助于对设备的状况做出判断。

3. 气体的其他来源

在某些情况下,有些气体可能不是设备故障造成的,例如油中含有水,可以与铁作用生成氢;过热的铁心层间油膜裂解也可以产生氢;新的不锈钢中也可能在加工过程中或焊接时吸附氢而又慢慢释放到油中。特别是在温度较高,油中有溶解氧时,设备中某些油漆(醇酸树脂),在某些不锈钢的催化下,甚至可能生成大量的氢。某些改型的聚酰亚胺型的绝缘材料也可生成某些气体而溶解于油中。油在阳光的照射下也可以生成某些气体。设备检修时,暴露在空气中的油可以吸收空气中的 CO_2 等。如果不真空滤油,则油中 CO_2 的浓度约为 300μL/L(与周围环境的空气有关)。

另外，某些操作也可生成故障气体，例如：有载调压变压器中切换开关油室的油向变压器主油箱渗漏，或选择开关在某个位置动作时，悬浮电位放电会产生气体；设备曾经有过故障，而故障排除后绝缘油未经彻底脱气，部分残余气体仍留在油中；设备油箱带油补焊；原注入的油就含有某些气体等。

这些气体的存在一般不影响设备的正常运行，当利用气体分析结果确定设备内部是否存在故障及其严重程度时，要注意加以区分。

（三）试验方法

根据对变压器油中溶解气体进行脱气的方式不同，在实际工作中所使用试验方法分为两种，但都是先采集充油设备中的油样，然后脱出油样中的气体，再用气相色谱仪进行分离、检测，最后对谱图数据进行处理，计算出各组分的浓度。

1. 机械振荡法（溶解平衡法）

（1）脱气过程。一般用 40mL 油样注入 5mL 氮气，然后在 50℃ 下进行恒温定时振荡，振荡 20min、静放 10min 即可达到平衡。取出气样，记下体积值（精确到 0.1mL）。

（2）分离、检测气样。用 1mL 玻璃针管取出 1mL 气样，立即注入色谱仪、输入脱出气样体积值，用色谱仪进行分离、检测，色谱工作站随之记录谱图、读取峰高或峰面积值，并自动计算出油中溶解气体各组分的浓度。

2. 真空脱气法（变径活塞泵全脱气法）

（1）脱气过程。变径活塞脱气装置由变径活塞泵、脱气室、磁力搅拌器和真空泵、集气室等组成。先由真空泵对脱气室抽真空，将 20mL 变压器油注入脱气室，装置自动进行多次脱气、集气，使气样合并并收集到集气室内，最后排出气室，装置自动进行多次脱气、集气，使气样合并且收集到集气室内，最后排出油样，记下油样和气样的体积（精确到 0.1mL）。

（2）分离、检测气样。

（四）气态样品中各组分浓度的测试

气态样品中各组分浓度的测试主要是针对从气体继电器中取出的气样进行测试分析。取 1mL 气样注入色谱仪进行测试，得出峰面积或峰高值，直接计算出结果。

（五）试验仪器

（1）色谱仪应具备热导鉴定器、氢焰离子化鉴定器及镍触媒转化器，建议使用单次进样。自动阀切换控制双柱分离的气路流程，便于自动控制；色谱柱对所测组分的分离度要满足定量分析的要求；测试过程中，色谱仪基线要平稳；色谱仪对各种溶解气体的最小检测浓度（μL/L）：氢气为 2；烃类为 0.1；一氧化碳为 5；二氧化碳为 10。

（2）色谱工作站要求结构简单、运行稳定，可针对不同的样品状态和脱气方式分别进行处理，通常只需输入试验参数就可直接计算出结果，并保存、打印结果及谱图。

（3）载气或反应气可用压缩气瓶或气体发生器作为气源，要求达到足够的纯度，氮气（或氩气）、氢气纯度不低于99.99%，空气应纯净无油（零级空气）。

（六）试品取样

1. 从充油电气设备中取油样

取样部位应注意所取的油样能代表油箱本体的油。一般应在设备下部的取样阀门取油样，在特殊情况下，可在不同的取样部位取样。

取样量，对大油量的变压器、电抗器等可为50~80mL，对少油量的设备要尽量少取，以够用为限。

（1）取油样的容器。应使用密封良好的玻璃注射器取油样。当注射器充有油样时，芯子能按油体积随温度的变化自由滑动，使内外压力平衡。

（2）取油样的方法。

1）从设备中取油样的全过程应在全密封的状态下进行，油样不能与空气接触。

2）对电力变压器及电抗器，一般可在运行中取样。对需要设备停电取样时，应在停运后尽快取样。对可能产生负压的密封设备，禁止在负压下取样，以防止负压进气。

3）设备的取样阀门应配上带有小嘴的连接器，在小嘴上接软管。取样前应排除取样管路中及取样阀门内的空气和"死油"，所用的胶管应尽可能短，同时用设备本体的油冲洗管路（少油量设备可不进行此步骤）。取油样时油流应平缓。

2. 从气体继电器放气嘴取气样

当气体继电器内有故障气体聚集时，应取气样进行色谱分析。这些气体的组分和含量是判断设备是否存在故障及故障性质的重要依据之一。为减少不同组分有不同回溶率的影响，必须在尽可能短的时间内取出气样，并尽快分析。

（1）取气样的容器。应使用密封良好的玻璃注射器取气样。取样前应用设备本体油润湿注射器，以保证注射器润滑和密封。

（2）取气样的方法。取气样时应在气体继电器的放气嘴上套一小段乳胶管，乳胶管的另一头接一个小型金属三通阀与注射器连接（要注意乳胶管的内径，乳胶管、气体继电器的放气嘴与金属三通阀连接处要密封）。操作步骤和连接方法如下：转动三通阀，用气体继电器内的气体冲洗连接管路及注射器（气体量少时可不进行此步骤）；转动三通阀，排空注射器；再转动三通阀取气样。取样后，关闭放气嘴，转动三通阀的方向使之封住注射器口，把注射器连同三通阀和乳胶管一起取下来，然后再取下三通阀，立即用该小胶头封住注射器（尽可能地排尽小胶头内的空气）。

取气样时应注意不要让油样进入注射器并注意人身安全。

（3）样品的保存和运输。

1）油样和气样应尽快进行分析，为避免气体逸散，油样保存期不得超过4天，气样保存期应更短些。在运输过程及分析前的放置时间内，必须保证注射器的芯子不卡涩。

2）油样和气样都必须密封和避光保存，在运输过程中应尽量避免剧烈振荡。油样和气样空运时要避免气压变化的影响。

（七）仪器的标定

（1）每次试验前均应采用外标法对仪器进行标定。

（2）在仪器稳定的状态下，用1mL玻璃针管取1mL含待测组分各已知浓度的标准混合气注入色谱仪，色谱工作站自动读取并记录色谱图的峰高或峰面积值。

（3）标定的条件和试验的条件应相同，仪器工作要稳定，至少标定两次，且其重复性应在其平均值的±2%以内。

（4）仪器参数设定要以满足试验的要求为先决条件，根据仪器性能分别设定。

（八）注意事项

（1）应根据待测油样中所溶解的气体组分含量的高低选用标气中各组分的浓度，对于例行试验和投运试验，因其各组分含量较低，宜选用低浓度的标气；对于运行中的设备，因气体含量较高，宜选用高浓度的标气。

（2）仪器标定和样品分析应使用同一进样注射器，保证进样体积相同。

（3）标气应在有效期内使用，禁止超期使用。

（4）取样时针管内的空气要排净，针芯可自由滑动、不卡涩。

（5）胶头内的空气也应排净。

（6）对于真空脱气装置，要定期对它的气密性进行测试，保证脱气完全。

（7）气样应尽快地测试，防止泄漏，保存期应短于油样。

（8）对结果进行判定时，应考虑到各种可能对结果产生干扰的因素（如电焊、油样被污染等原因），防止误判。

（9）应对所有针管体积进行标定，以减小误差。

（九）试验数据分析与判断

1. 特征气体法

根据绝缘油产气的基本原理和表3-13所列的不同故障类型产生的气体可推断设备的故障类型。

2. 三比值法

(1) 在热动力学和实践的基础上，推荐改良的三比值（五种气体的三种比值）法作为判断充油电气设备故障类型的主要方法。改良三比值法是三比值以不同的编码表示，故障类型判断方法和编码规则见表 3-13 和表 3-14。

表 3-13 故障类型判断方法

编码组合			故障类型判断	故障实例（参考）
C_2H_2/C_2H_4	CH_4/H_2	C_2H_4/C_2H_6		
0	0	1	低温过热（低于 150℃）	绝缘导线过热，注意 CO 和 CO_2 的含量及 $V(CO_2)/V(CO)$ 比值
0	2	0	低温过热（150~300℃）	分接开关接触不良，引起夹件螺栓松动或接头焊接不良，涡流引起铜过热，铁心漏磁，局部短路，层间绝缘不良，铁心多点接地等
0	2	1	中温过热（300~700℃）	
0	0, 1, 2	2	高温过热（高于 700℃）	
	1	0	局部放电	高湿度，高含气量引起油中低能量密度的局部放电
2	0, 1	0, 1, 2	低能放电	引线对电位未固定的部件之间连续火花放电，分接抽头引线和油隙闪络，不同电位之间的油中火花放电或悬浮电位之间的火花放电
2	2	0, 1, 2	低能放电兼过热	
1	0, 1	0, 1, 2	电弧放电	线圈匝间、层间短路，相间闪络、分接头引线间油隙闪络引起对箱壳放电，线圈熔断，分接开关飞弧，因环路电流引起对其他接地体放电等
1	2	0, 1, 2	电弧放电兼过热	

表 3-14　编码规则

气体比值范围	比值范围的编码		
	C_2H_2/C_2H_4	CH_4/H_2	C_2H_4/C_2H_6
<0.1	0	1	0
≥0.1 且 <1	1	0	0
≥1 且 <3	1	2	1
≥3	2	2	2

(2) 三比值法的应用原则。

1) 只有根据气体各组分含量的注意值或气体增长率的注意值有理由判断设备可能存在故障时，气体比值才是有效的，并应予计算。对气体含量正常，且无增长趋势的设备，比值没有意义。

2) 假如气体的比值与以前的不同，可能有新的故障重叠在老故障和正常老化上。为了得到仅仅相应于新故障的气体比值，要从最后一次的分析结果中减去上一次的分析数据，并重新计算比值（尤其是在 CO 和 CO_2 含量较大的情况下）。在进行比较时，要注意在相同的负荷和温度等情况下和在相同的位置取样。

3) 由于溶解其他分析本身存在的误差试验，导致气体比值也存在某些不确定性。对浓度大于 $10\mu L/L$ 的气体，两次的测试误差不应大于平均值的 10%，而在计算气体比值时，误差提高到 20%。当浓度低于 $10\mu L/L$ 时，误差会更大，使比值的精确度迅速降低。因此在使用比值法判断设备故障性质时，应注意各种可能降低精确度的因素，尤其是正常值普遍较低的电压互感器、电流互感器和套管，更要注意这种情况。

3. 对一氧化碳和二氧化碳的判断

当故障涉及固体绝缘时，会引起 CO 和 CO_2 含量的明显增长。根据现有的统计资料，固体绝缘的正常老化过程与故障情况下的劣化分解，表现在 CO 和 CO_2 的含量上，一般没有严格的界限，规律也不明显。这主要是由于从空气中吸收的 CO_2，以及固体绝缘老化及油的长期氧化形成 CO、CO_2 的基值过高造成的。开放式变压器溶解空气的饱和量为 10%，设备里可以含有来自空气中的 $300\mu L/L$ 的 CO_2 浓度。在密封设备里，空气也可能经泄漏而进入设备油中，油中的 CO_2 浓度将以空气的比率存在。经验表明，当怀疑设备固体绝缘材料老化时，一般 $V(CO_2)/V(CO)>7$。当怀疑故障涉及固体绝缘材料时（高于 200℃），可能 $V(CO_2)/V(CO)<3$。必要时，应从最后一次的测试结果中减去上一次的测试数据，重新计算比值，以确定故障是否涉及固体绝缘。

当怀疑纸或纸板过度老化时，应适当地测试油中糠醛含量，或在可能的情况下测试纸样的聚合度。

4. 判断故障类型的其他方法

(1) 比值 $V(O_2)/V(N_2)$。一般在油中都溶解有 O_2 和 N_2，这是油在开放式设备的储油罐中与空气作用的结果，或密封设备泄漏的结果。在设备里，考虑到 O_2 和 N_2 的相对溶解度，油中 $V(O_2)/V(N_2)$ 的比值反映空气的组成，比值应接近 0.5。运行中由于油的氧化或纸的老化，这个比值可能降低因为 O_2 的消耗比扩散更迅速。负荷和保护系统也可能影响这个比值。但当 $V(O_2)/V(N_2) < 0.3$ 时，一般认为是出现了氧被极度消耗的迹象。

(2) 比值 $V(C_2H_2)/V(H_2)$。在电力变压器中，有载调压操作产生的气体与低能量放电的情况相符。假如某些油或气体在有载调压油箱与主油箱之间相通，或在各自的储油罐之间相通，这些气体可能污染主油箱的油，并导致误判断。

主油箱中 $V(C_2H_2)/V(H_2) > 2$，认为是有载调压污染的迹象。这种情况可利用比较主油箱和储油罐的油中溶解气体浓度来确定。气体比值和乙炔浓度值依赖有载调压的操作次数和产生污染的方式（通过油或气）。

六、水溶性酸

(一) 试验目的

水溶性酸是指变压器油中能溶解于水的酸，其主要是指低分子有机酸。这是因为水溶性酸的酸性远高于非水溶性酸，对变压器绝缘件以及包括铜导体和铁心在内的各种金属件的腐蚀作用强得多。即使酸值合格，若水溶性酸超标，变压器油仍然是不合格的。通过对水溶性酸进行测试可判断油质是否劣化。

(二) 试验方法

水溶性酸的测定方法按照《运行中变压器油、汽轮机油水溶性酸测定法（比色法）》（GB/T 7598—1987）进行，也可以用酸度计或自动电位滴定仪测定。

(三) 注意事项

(1) 指示剂溶液 pH 值大小对非缓冲溶液的 pH 值比色有明显的影响，为消除指示剂给测定结果带来的误差，本方法用溴酚蓝或溴甲酚绿指示剂溶液的 pH 值应为 4.5 较合适，否则应进行调整（如测定 pH 值大于 4.8 的油品时，指示剂溶液的 pH 值可调到 5.4）。

(2) 水的纯度是造成测定结果误差的原因之一。因此，水溶性酸试验用水的 pH 值应为 6.0~7.0，电阻率应大于 300kΩ·m。

(3) 在试样中加水 50mL 预先煮沸过的蒸馏水，然后于水浴中加热到 75~80℃，并在此温度下摇荡 5min，然后静止分层。因为只有在此条件下水溶性酸碱才有利于抽出。

(四) 试验数据分析与判断

新油中应不存在水溶性酸。水溶性酸（pH 值）要求新设备投运前大于 5.4，运行中不小于 4.2。

七、酸值

（一）试验目的

根据酸值的大小，可判断油中含酸性物质的量。酸值越大，表明油中含有机酸越多，油的老化程度越深。绝缘油中含有酸性物质会减低油的绝缘性能，促使固体绝缘材料老化，缩短设备的运行寿命。油中含酸物质还会腐蚀金属材料。

（二）试验方法

采用碱蓝 6B 法或 BTB 法测试。

1. 碱蓝 6B 法

碱蓝 6B 法是采用沸腾乙醇抽出试油中的酸性组分，再用 KOH 乙醇溶液滴定以测定酸值。

2. BTB 法

（1）用锥形瓶称取试油 8~10g。

（2）加入 50mL 无水乙醇，装上回流冷凝器，水浴加热回流 5min，取下锥形瓶加入 0.2mL 溴百里香酚蓝（BTB）指示剂，趁热用 0.02~0.05mol/L 的氢氧化钾乙醇溶液滴定至蓝绿色，记下消耗的氢氧化钾乙醇溶液的体积（V）。

（3）取 50mL 无水乙醇按上述步骤进行空白试验，记下消耗的氢氧化钾乙醇溶液的体积（V_1）。

（4）酸值结果计算，其计算公式为：

$$X = (V - V_0) \cdot 56.1 \cdot \frac{c}{m} \tag{3-5}$$

式中　X——试油的酸值（KOH），mg/g；
　　　c——氢氧化钾乙醇溶液的浓度，mol/L；
　　　m——试油的质量，g。

（三）注意事项

（1）所用的乙醇纯度及质量要符合要求。使用前要先检查，有的乙醇加热后滴入碱性蓝 6B 乙醇溶液立即变成红色，说明乙醇本身呈碱性，不能使用。

（2）滴定动作要迅速，尽量缩短时间，不要超过 3min，以减少二氧化碳对测定结果的影响。

（3）乙醇要进行二次煮沸，煮沸时间要 5min。否则将使结果偏低。

（4）指示剂的用量要适当，用量不可过多或过少，因为指示剂本身大多数呈弱酸性，在滴定时它本身会消耗一定量的碱。指示剂过多还会使变色缓慢，不易观察终点。

（5）准确判断滴定终点对测定结果影响很大。试验方法规定：用酚酞作指示剂的，滴定至乙醇层显浅红色为止；用碱性蓝 6B 作指示剂的，滴定至乙醇层由蓝色变为浅红色为止；用甲酚红作指示剂的，滴定至乙醇层由浅红色变为紫红色为止。对于滴定终点不能呈现浅红色的试样，允许滴定到混合液的原有颜色开始明显地改变时作为终点；用溴麝香草酚蓝作指示剂的，滴定至乙醇层由黄色变为绿色或蓝绿色为止。

（6）用碱性蓝 6B 作指示剂测定酸值时，当加入指示剂后溶液显蓝色，逐渐加入碱液快到终点时，在蓝色中出现红色，随着碱量增大红色增加而显蓝紫色，最后变为红色，应以紫色消失突然全显红色时为终点。对于直馏及经过精制的浅色油品，这个过程比较明显，但对某些裂化及未经精制的中间产品或使用过的润滑油，由于干扰物的存在，滴定终点变色不明显，往往蓝色消失了而不出现红色，遇到这种情况时，只好以蓝色明显消退为终点。

（四）试验数据分析与判断

新设备投运前，酸值（KOH）应不大于 0.03mg/g；运行中，酸值（KOH）应不大于 0.1mg/g。

八、闪点（闭口）

（一）试验目的

闪点是指规定条件下将油品加热，油蒸气与空气混合物遇明火发生燃烧的最低温度。闪点是新油的质量指标之一。在绝缘油的贮存和使用过程中，闪点是保证安全运行、防止火灾的重要监督指标。

（二）试验方法

试验方法按照《闪点的测定宾斯基-马丁闭口杯法》（GB/T 261——2008）进行。

（三）试验步骤

（1）试验条件：闪点仪应放在避风和较暗的地方。

（2）清洗油杯：将油杯清洗干净并烘干。

（3）将试油注入油杯至刻度线，盖上杯盖，插入温度计（或电子测温装置的测温元件）。

（4）点燃点火器，并调节火焰到接近球形。

（5）接通加热电源，使温度均匀上升，并不断搅拌；到预计闪点前 40℃时，调节加热速度，使升温速度控制在 2~3℃/min。

（6）到达预期闪点前 10℃时，每经 2℃进行点火试验，点火时，使火焰在 0.5s 内降到杯上蒸气空间，停留 1s 后迅速回到原位。在点火过程中要停止搅拌。

（7）油样闪燃（蓝色火焰）后，立即记录温度计（或电子温装置）的温度作为闪点的测定结果。

（四）注意事项

影响油品闪点测定的因素很多，如仪器的准确度、操作方法、升温速度、大气压和油样的处理等都影响着油品闪点的高低。

（1）油样含水时必须事先进行脱水，因为水在油中形成泡沫，加热后水蒸气溢出而影响闪火温度。

（2）升温速度不宜太快或太慢，太快则油蒸气挥发多，来不及扩散，使闪点偏低；太慢则相反，虽然对结果影响不太大，但仍有影响。点偏低；太慢则相反，虽然对结果影响不太大，但仍有影响。

（3）点火要注意火球大小符合规定，点火时间不宜过长，不宜过高过低，过长则油蒸气消耗多，影响结果准确，特别是闭杯闪点。

（4）仪器的选择，一般来说，用电炉空气浴比用酒精灯和煤气灯好，电炉空气浴加热使塌受热均匀，用酒精灯和煤气灯加热升温不易控制，油蒸气扩散快。

（5）大气压的影响是主要因素，气压低，油品挥发快，闪点低，在不同大气下，同一油品的闪点相差较大。

（五）试验数据分析与判断

绝缘油的闪点（闭口）应不小于135℃。

九、界面张力

（一）试验目的

变压器油的界面张力是指变压器油与纯水之间的界面所具有的张力。油水之间界面张力的测定是检查油中含有因老化而产生的可溶性极性杂质的一种间接有效的方法。

（二）试验方法

采用圆环法进行测试。

（三）试验步骤

（1）测定油样25℃下的密度。

（2）把50~75mL蒸馏水倒入清洗过的试样杯中，将试样杯放到界面张力仪的试样座上，把清洗过的圆环挂在界面张力仪上，调节使圆环浸入水下不超过6mm。

（3）慢慢降低试样座，当环上水膜破裂时，读出张力数值，其值应在71~72mN/m，否则要调整张力仪。

（4）张力仪调整完成后，升高可调试样座，使圆环浸入蒸馏水中5mm深度，在蒸馏水上慢慢倒入已调至（25±1）℃过滤后油样至10mm高度。

（5）静止（30±1）s，慢慢降低试样座，记录圆环从界面拉脱时的张力值。同一试验至少重复两次以上，取平均值。

（四）注意事项

（1）现在多数使用的是仪器自动法，仪器测定的结果就是界面张力，而方法中是要通过系数对所测得的力进行修正，此系数取决所用的力、油和水的密度以及圆环的直径。

（2）试样杯及圆环必须清洗干净。

（3）测试时应先对水进行测试，测得水的界面张力，并且使水的界面张力达到71~72mN/m，然后再进行油水界面张力的测试。

（4）仪器应进行校正（按天平的方法校准）。

（五）试验数据分析与判断

界面张力（25℃）应不小于35mN/m。

十、体积电阻率

（一）试验目的

变压器油的体积电阻率是指在直流电压作用下，变压器油内部电场强度与稳态电流密度之比，单位为 $\Omega \cdot m$。油品的体积电阻率能反映变压器绝缘特性的好坏，能反映油的老化情况和油受污染程度。

（二）试验方法

（1）打开主机和恒温器电源，升温到90℃。

（2）试样稳定：绝缘油规定为（90±0.5）℃；试样在升温中应不断地轻轻拉出和摇动内电极，使样品受热均匀。当样品温度到90℃后，继续恒温30min，再进行测量。

（3）把测量头插入内电极插口。

1）试验电压：Y-30型电极杯为1000V，Y-18型电极杯为500V。

2）调整零位。

3）测量20s和60s时的电阻率。

4）复位电极杯进行放电。

5）复试时，应先经过放电5min，然后再测量。若测试结果误差大，应重新更换样品试验，直至两次试验结果符合精密度要求。

（三）注意事项

（1）必须使用专用的油杯，使用前一定要清洗干净并干燥好。

（2）计算油杯的值时，油杯的电容应减去屏蔽后有效电容值。

（3）注入前油样应预先混合均匀，注入油杯不许有气泡，禁止游离水和颗粒杂质落入电极。

(4) 油样测试后，将内外电极短路 5min，充分释放电荷后，再进行复试。

（四）试验数据分析与判断

设备投运前油的体积电阻率不小于 $6×10^{10}\Omega\cdot m$。

对于运行设备中的绝缘油：500kV 设备不小于 $1×10^{10}\Omega\cdot m$；220kV 设备不小于 $5×10^{10}\Omega\cdot m$。

第五节　典型案例分析

一、关于某 10kV 所用变直流电阻超差异常缺陷分析

（一）案例简介

2017 年，变电检修室电气试验五班进行某 66kV 变电站 10kV 所用变交接试验。在对 10kV 所用变进行直流电阻测试时，发现交接试验时试验温度为 32℃，出厂试验时温度为 13℃。

10kV 所用变外观如图 3-18 所示。

图 3-18　10kV 所用变外观

按《电气装置安装工程电气设备交接试验标准》（GB 50150—2016）要求，变压器的直流电阻与同温度下产品出厂实测数值比较不应大于 2%。该变压器换算后直阻相应变化均大于 2%，变压器直流电阻测试不合格。该变压器实际分接挡位与原厂所标分接示意图及出厂试验报告各分接位置严重不符，变压器变比测试不合格。

现场设备试验数据见表 3-15。

表 3-15　现场设备试验数据

	分接	交接试验分接	试验值（温度 32℃）/Ω				出厂报告分接	出厂值（温度 13℃）/Ω		
			AB	BC	CA	互差/%		AB	BC	CA
高压	1	6-5	44.51	44.33	44.47	0.41	2-3	48.44	48.21	48.25
	2	5-4	43.68	43.20	43.24	1.11	3-4	47.74	47.51	47.62
	3	4-3	42.38	42.10	42.24	0.66	4-5	46.23	46.04	46.09
	4	3-2	41.32	41.09	41.18	0.56	5-6	44.77	44.55	44.61
	5	2-1	40.29	40.03	40.14	0.65	6-7	43.61	43.42	43.48
低压		a0	b0	c0		—	a0	b0	c0	
		0.01985	0.01983	0.01982		0.15	0.01880	0.01882	0.01884	

（二）原因分析

该厂家试验报告的试验温度与实际测试温度不符，变压器整体做工不良。

（三）暴露问题

厂家制造工艺不良同时出厂试验把关不严。

（四）采取措施

立即更换设备。

二、某 66kV 变电站 1 号主变缺陷分析

（一）设备基本信息

某 66kV 变电站 1 号主变为某变压器有限公司生产的 SZ9-6300/66 型充油变压器，2020 年 5 月 3 日生产，2020 年某日进行交接试验，出厂编号为 200503。

（二）异常情况

2020 年某日变电检修工区电气试验五班对某 66kV 变电站 1 号主变进行交接试验时，发现：

（1）主变交流耐压试验不合格，未达到规程规定的 112kV 试验电压即发生异响，判断内部存在放电现象；

（2）主变出厂报告试验项目漏项，未进行变压器铁心、夹件绝缘电阻试验及套管绝缘电阻、介损试验。

（三）原因分析

（1）1 号主变交流耐压试验不合格。交流耐压试验多次观察确定放电位置在变压器高压 0 相套管内部，经现场检修人员拆 0 相套管将军帽后发现其内部引线预留过长，且未采取捆扎等固定措施，导致多余的引线与变压器设备外壳距离较近，在加压过程中发生放电。

1号主变高压 0 相套管如图 3-19 所示。

（2）1号主变出厂试验项目漏项。出厂试验未进行变压器铁心、夹件绝缘电阻试验及套管绝缘电阻、介损试验。

1号主变出厂试验报告如图 3-20 所示。

图 3-19　1 号主变高压 0 相套管

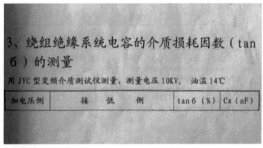

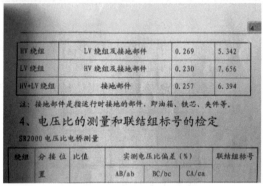

图 3-20　1 号主变出厂试验报告

（四）后续处理情况

（1）现场通知检修人员对 1 号主变高压 0 相套管内部引线进行处理。处理后再次对该变压器进行交流耐压试验，试验电压达到规程规定的 112kV，试验过程中未发现放电、异响，试验合格，可以投运。

（2）已告知变压器有限公司出厂报告试验漏项。

第四章 电流互感器试验

第一节 电流互感器基本知识

一、电流互感器的作用

电流互感器用来将交流电路中的大电流转换为一定比例的小电流,以供测量和继电保护之用。电流互感器是由闭合的铁心和绕组组成。它的一次绕组匝数很少,串在需要测量的电流的线路中,因此它经常有线路的全部电流流过。

二、电流互感器的原理及结构

电流互感器的结构较为简单,由相互绝缘的一次绕组、二次绕组、铁心以及构架、壳体、接线端子等组成。其工作原理与变压器基本相同,一次绕组的匝数(N_1)较少,直接串联于电源线路中,一次负荷电流 I_1 通过一次绕组时,产生的交变磁通感应产生按比例减小的二次电流 I_2,原理如图 4-1 所示。I_1、I_2 满足的关系如下:$I_1 N_1 = I_2 N_2$;由于一次绕组与二次绕组有相等的安培匝数,$I_1 N_1 = I_2 N_2$,电流互感器实际运行中负荷阻抗很小,二次绕组接近于短路状态,相当于一个短路运行的变压器。

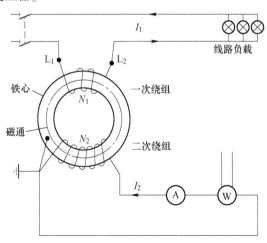

图 4-1 电流互感器结构原理图

第二节　油浸式电流互感器常规试验

电流互感器是电力系统电能计量和保护控制的重要设备，其测量精度及运行的可靠性是实现电力系统安全、经济运行的前提。为确保电流互感器运行过程中的安全，根据国家标准、行业标准电流互感器的试验包含以下内容。

(1) 例行试验：
1) 出线端子标志检验；
2) 一次绕组和二次绕组的直流电阻测量；
3) SF_6 气体含水量的测定；
4) 二次绕组工频耐压试验；
5) 绕组段间工频耐压试验；
6) 匝间过电压试验；
7) 绝缘电阻测量；
8) 补气压力下的一次绕组的工频耐压试验；
9) 局部放电测量；
10) SF_6 气体分解物检测；
11) 误差测定；
12) 励磁特性测定；
13) 密封性试验。

(2) 例行试验：
1) SF_6 气体成分检测；
2) SF_6 气体的微水检测；
3) 密封检查；
4) 二次绕组之间及对地绝缘电阻；
5) 一次绕组老练及交流耐压试验；
6) 极性检查；
7) 变比检查；
8) 校核励磁特性曲线；
9) 绕组直流电阻测量；
10) 密度继电器检验；
11) 红外检测。

(3) 交接试验：
1) SF_6 气体微水检测；
2) 密封性试验；

3) 一次绕组和二次绕组的直流电阻测量;
4) 二次绕组屏蔽罩的接地连通检查;
5) 绝缘电阻测量;
6) 绝缘老化试验;
7) 工频耐压试验;
8) SF_6 气体成分检查;
9) 局部放电试验;
10) 励磁特性测定;
11) 出线端子极性检测;
12) 气体密度继电器的校验。

油浸式电流互感器分为电容型和非电容型两种。非电容型油浸式电流互感器有油浸链式和串级式。35~110kV 电压等级的电流互感器多为这两种结构;220kV 及以上油浸式电流互感器一般为油纸电容型结构。本节主要介绍油浸式电容型电流互感器测试方法。

一、绕组及末屏的绝缘电阻

(一) 试验目的

测量电流互感器绝缘电阻的主要目的是检查设备是否存在整体或局部绝缘老化、受潮缺陷。对于有末屏端子引出的电容型油浸式电流互感器,还需测量末屏对地绝缘电阻,因为当互感器进水受潮后,水分一般沉积在互感器的底部,测量末屏对地绝缘电阻,可及时发现设备受潮缺陷。

(二) 试验准备

(1) 绝缘电阻测试前应该注意现场天气情况,试验应该在天气良好的条件下进行,雨、雪、大风、雷雨天气时严禁进行测试。

(2) 使用的测试仪器:使用 2500V 绝缘电阻表,绝缘电阻表容量一般要求输出电流不小于 3mA。

(3) 选择合适的位置,将绝缘电阻表水平放置。试验前必须对绝缘电阻表及试验线进行检查,确保试验线无开断和短路现象。绝缘电阻表建立电压后分别短接 L、E 端子和分开 L、E 端子,绝缘电阻表应分别显示零或无穷大,试验线应用绝缘护套线或屏蔽线。

(4) 查阅历年的试验报告。

(5) 准备绝缘手套和绝缘鞋,试验人员接试验线时必须戴绝缘手套,穿绝缘鞋。

(6) 抄录被试设备铭牌,记录现场环境温度、湿度。

(7) 试验前对被试设备充分放电,避免影响测量结果。

(三) 测试范围与接线

1. 测量一次绕组绝缘电阻

(1) 将绝缘电阻表接地端 E 接地。

(2) 绝缘电阻表高压端 L 接电流互感器一次绕组，电流互感器二次绕组短接接地，电流互感器外壳及末屏（若有）保持在接地状态。

(3) 对电流互感器施加 2500V 试验电压，记录 60s 的测量值，即可测量电流互感器一次绕组绝缘电阻，接线方式如图 4-2 所示。

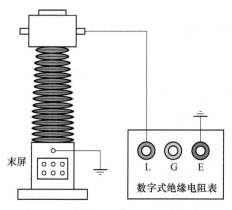

图 4-2　一次绕组绝缘电阻试验接线图

(4) 停止测量，将电流互感器短路放电并接地。

2. 测量二次绕组绝缘电阻

(1) 二次绕组对地绝缘电阻测量。

1) 电流互感器一次绕组接地，电流互感器外壳及末屏（若有）保持在接地状态。

2) 绝缘电阻表 E 端接地，被测二次绕组短接后接绝缘电阻表高压端 L。

3) 施加 2500V 试验电压，记录 60s 的测量值，即可测量电流互感器二次绕组对地绝缘电阻。

4) 停止测量，将二次绕组短路放电。

(2) 二次绕组间绝缘电阻测量。

1) 电流互感器一次绕组接地，电流互感器外壳及末屏（若有）保持在接地状态。

2) 绝缘电阻表 E 端接地，被测二次绕组短接后接绝缘电阻表高压端 L，其他非被测二次绕组短接接地。

3) 施加 2500V 试验电压，记录 60s 的测量值，即可测量电流互感器二次绕组对地绝缘电阻。

4) 停止测量,将二次绕组短路放电。

3. 测量末屏对地绝缘电阻

(1) 将绝缘电阻表接地端 E 接地。

(2) 拆开电流互感器末屏接地连接线,电流互感器末屏接绝缘电阻表负极高压端(L 端),二次绕组短接接地,电流互感器外壳保持在接地状态,绝缘电阻表 E 端接地。

(3) 对电流互感器末屏施加 2500V 试验电压,记录 60s 的测量值,即可测量末屏对地绝缘电阻,接线方式如图 4-3 所示。

(4) 停止测量,将电流互感器末屏短路放电并接地。

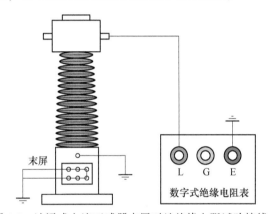

图 4-3　油浸式电流互感器末屏对地绝缘电阻试验接线图

(四) 操作过程

下面以测量一次绕组绝缘电阻为例,叙述操作过程。图 4-4 为试验用绝缘电阻测试仪实物图。

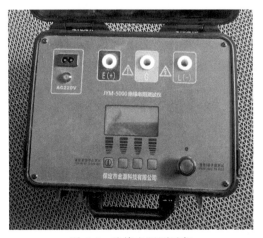

图 4-4　绝缘电阻测试仪

（1）安全措施。根据工作票上的安全措施进行再次核对现场安全措施。

（2）对被试品放电。接线员负责。放电棒先接接地端，对电流互感器放电，先经电阻放电，后直接放电；先低压端，后高压端；最后将放电棒挂在电流互感器的高压端，将电流互感器接地。

（3）放电之后，将温湿度计摆放在被试品周围，采用支架放置方式，置于通风背阴处。

（4）接线员接线。用短接线短接电流互感器一次绕组端子 P_1、P_2，二次绕组短接接地（用细铜裸线，先接接地端，后缠绕所有二次绕组端子），末屏接地。

（5）记录员记录设备、仪器铭牌、温度和湿度等。

（6）对数字高压兆欧表自检。工作负责人、接线员和操作员负责进行。将数字高压兆欧表选择适当位置平稳放好，用该表的专用接地线接地并与接地端 E 连接，用该表的专用高压线分别接在高压端 L 和屏蔽端 G，注意将接地线和高压线分开。接线员手戴绝缘手套、脚踩绝缘垫，将高压端接地；操作员打开电源（"开"），按压"电压选择"键，选择电压 2500V，请求加压；工作负责人讲可以加压；操作员按压"启动（停止）"键，此时该表应显示绝缘电阻为 0Ω。将绝缘电阻表的高压线与地断开，此时该表应显示绝缘电阻超过 200GΩ。按压"启动（停止）"键，关闭电源（"关"）。

（7）接线员将高压线的挂钩挂到一次绕组端子上。工作负责人检查接线是否正确无误，接线员取下挂在一次绕组端子上的放电棒，放在接线员附近，移走绝缘梯，方可开始试验。

（8）封闭围栏，出来操作。

（9）试验过程中要进行呼唱和加强监护。操作员打开电源（"开"），按压"电压选择"键，选择电压 2500V，请求加压；工作负责人允许加压；操作员按压"启动（停止）"键；操作员的手应放在"启动（停止）"键附近，随时警戒异常情况的发生。数据稳定后，操作员按压"启动（停止）"键，读取绝缘电阻值，记录员复诵并记录。操作员关闭电源（"关"）。

（10）接线员对接高压的一次绕组端子放电、接地。更改接线，先拆设备端，后拆仪器端，最后解除接地线。接线员取下放电棒。负责人检查现场是否有遗留物。负责人宣布：现场已整理干净，无遗留物，全部人员离开现场。

（五）数据分析及判断

1. 《电气装置安装工程电气设备交接试验标准》（GB 50150—2016）

（1）应测量一次绕组对二次绕组及外壳、各二次绕组间及其对外壳的绝缘电阻；绝缘电阻值不宜低于 1000MΩ。

（2）测量电流互感器一次绕组段间的绝缘电阻，绝缘电阻值不宜低于 1000MΩ，由于结构原因无法测量时可不测量。

（3）测量电容型电流互感器的末屏及电压互感器接地端（N）对外壳（地）的绝缘电阻，绝缘电阻值不宜小于1000MΩ。当末屏对地绝缘电阻小于1000MΩ时，应测量其tanδ时，其值不应大于2%。

（4）测量绝缘电阻应使用2500V兆欧表。

2. 输变电设备状态检修试验规程（Q/GDW 1168—2013）

采用2500V兆欧表测量。当有两个一次绕组时，还应测量一次绕组间的绝缘电阻。一次绕组的绝缘电阻应大于3000MΩ，或与上次测量值相比无显著变化。有末屏端子的，测量末屏对地绝缘电阻测量结果应符合要求。

绕组及末屏的绝缘电阻标准见表4-1。

表4-1 绕组及末屏的绝缘电阻标准

例行试验项目	基准周期	要　　求
绝缘电阻	≥110（66）kV时：3年	（1）一次绕组：一次绕组的绝缘电阻应大于3000MΩ，或与上次测量值相比无显著变化； （2）末屏对地（电容型）：>1000MΩ（注意值）

3. 国家电网公司变电检测管理规定

绕组及末屏的绝缘电阻标准见表4-2。

表4-2 绕组及末屏的绝缘电阻标准

设备	项目	标　　准
电流互感器	绕组及末屏的绝缘电阻	（1）一次绕组：35kV及以上：>3000MΩ或与上次测量值相比无显著变化； （2）末屏对地（电容型）：>1000MΩ（注意值）

（六）试验要点及注意事项

（1）每次测量时，选用同量程、同型号的绝缘电阻表。

（2）人员分工明确，配合默契，大声呼唱，加强监护。

（3）温度不低于5℃，湿度不大于80%。

（4）不要在雷雨天测量。

（5）测量末屏时，观察有无放电现象，即推断末屏有无断线、接地（末屏断线时，绝缘电阻值大，末屏接地时，绝缘电阻值小，两种情况下都不会放电）。

（6）拆解末屏接地线时，要解开末屏"接地端"，不要解开"末屏端"，以免造成小套管螺杆松动渗漏油、内部末屏连接松动或末屏芯线断裂。

（7）表计达到量程上限时，记录时要记录"量程+"而不是"∞"。

二、介质损耗角正切值 tanδ 和电容量试验

（一）试验目的

介质损耗因数 tanδ 是反映绝缘性能的基本指标之一，是反映绝缘损耗的特征参数，它可以很灵敏地发现电气设备绝缘整体受潮、劣化变质及小体积设备贯通和未贯通的局部缺陷。

（二）试验准备

（1）应在良好的天气情况下及试品和环境温度不低于5℃，湿度不大于80%的条件下进行。

（2）使用的测试仪器为抗干扰介质损耗测试仪。

（3）查阅历年的试验报告。

（4）准备绝缘手套和绝缘鞋，试验人员接试验线时必须戴绝缘手套、穿绝缘鞋。

（5）抄录被试设备铭牌，记录现场环境温度、湿度，每次测量时的温度应尽量接近。

（三）试验接线及方法

1. 油浸链式和串级式电流互感器介质损耗及电容量测试

油浸链式和串级结构电流互感器现场测试时，可按一次对二次绕组采用高压电桥正接线测量，也可按一次对二次绕组及外壳采用高压电桥反接线测量。

（1）正接法。

1）电流互感器一次绕组接介质损耗测试仪的高压输出端（芯线），二次绕组短接后接介质损耗测试仪的 C_x 端，电流互感器外壳保持在接地状态。

2）采用正接法，选定电压 10kV 进行测量，分别记录电容量及介质损耗值，接线方式如图 4-5 所示。

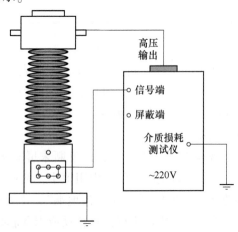

图 4-5　CT 介质损耗及电容量测试（正接法）

（2）反接法。

1）电流互感器一次绕组接介质损耗测试仪的高压输出端（芯线），二次绕组短接接地，电流互感器外壳保持在接地状态。

2）采用反接法，选定电压 10kV 进行测量，分别记录电容量及介质损耗值，接线方式如图 4-6 所示。

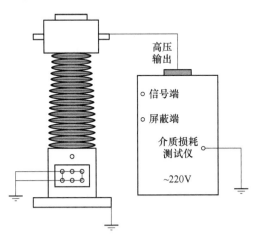

图 4-6　CT 介质损耗及电容量测试（反接法）

2. 电容型电流互感器的 tanδ 及电容量的测量

（1）主绝缘的 tanδ 及电容量测量。220kV 及以上油浸式电流互感器一般为油纸电容型结构，此类互感器的电容末屏端子引出后接地。现场测量时，拆除末屏端子接地点，互感器一次绕组接介质损耗测试仪的高压输出端（芯线），末屏接介质损耗测试仪的 C_x 端，对电流互感器施加 10kV 试验电压，采用正接法即可测量互感器的 tanδ 及电容量，接线方式如图 4-5 所示。

（2）末屏对地的 tanδ 及电容量测量。当互感器进水受潮后，水分一般沉积在互感器的底部，最先使底部和末屏受潮。有关规程要求，当末屏对地绝缘电阻小于 1000MΩ 时，应测量末屏对地的 tanδ 及电容量。

测量末屏对地的 tanδ 及电容量采用反接法，如图 4-6 所示。互感器二次绕组短接接地，末屏接介质损耗测试仪的高压输出端（芯线），一次绕组接介质损耗测试仪屏蔽线，施加 2kV 试验电压。

（四）操作过程

下面以电流互感器的正接线测量为例，叙述操作过程。高压变频抗干扰介质损耗测试仪实物图如图 3-11 所示。

注：高压端接口 HV 在仪器的背面。

（1）安全措施。根据工作票上的安全措施进行再次核对现场安全措施。

(2) 对被试品放电。接线员负责,放电棒先接接地端,对电流互感器放电,先经电阻放电,后直接放电;先低压端,后高压端;最后将放电棒挂在电流互感器的高压端,将电流互感器接地。

(3) 放电之后,将温湿度计摆放在被试品周围,采用支架放置方式,置于通风背阴处。

(4) 记录员记录设备、仪器铭牌,温湿度等。

(5) 接线员接线,操作员辅助接线。用短接线短接电流互感器一次绕组端子P1、P2,二次绕组短接接地(用细铜裸线,先接接地端,后缠绕所有二次绕组端子)。

(6) 接设备线。

1) 先接地线(外皮透明线)的接地端,后接介损仪的"测量接地"钮。

2) 接线(黑线),先插仪器上的孔;后夹在末屏上。

3) 高压线(粗红线)接仪器背面,高压线的屏蔽短线夹于介损仪的"测量接地"钮,高压线的另一端夹在被短接后的一次绕组端子上。

4) 仪器的电源线接于电缆卷盘(黑色粗线轮)。注:用电缆卷盘接取电源时,一人接取,一人监护。

5) 先用万用表(交流电压挡)测电源是否合格。

6) 合格后,拉下电源开关,测量无电压后,再插电缆卷盘的电源插头。

7) 合上电源开关,合开关时要呼唱,听到接线处有人呼唱合开关,才能合开关。

8) 检查电缆卷盘的漏电保护器3次,检查方法:合上电缆卷盘的开关后,按下白色方块按钮,电缆卷盘开关则跳下。

9) 合上电缆卷盘的开关后,用万用表检查电缆卷盘的插孔电压是否符合试验要求,每个孔都要测,因为电缆卷盘会转动,会分不清哪个孔曾测过,若有不合格的孔,则封上。

10) 关闭电缆卷盘的开关,待用。

11) 工作负责人检查接线是否正确无误,接线员取下挂在一次绕组端子上的放电棒,放在接线员附近,移走绝缘梯,方可开始试验。

12) 封闭围栏,出来操作。

13) 试验过程中要进行呼唱和加强监护。操作员接取电源,先插仪器端,再接电缆卷盘,打开电缆卷盘电源,打开仪器"总电源"。利用"上下左右"按键和"确认"键,在显示屏上,选择:正接线,电压10kV,频率45Hz/55Hz。操作员请求加压;工作负责人允许加压。

操作员打开"高压允许"开关,长按"确认"键,听到响声后,开始测量;操作员的手应放在"总电源"开关附近,随时警戒异常情况的发生。测量完成后,关闭"高压允许"开关。

操作员读出测试结果,记录员复诵并记录。操作员关闭"总电源"开关,关闭电缆卷盘开关,拔掉仪器的电源线。

14)接线员对接高压的一次绕组端子放电、接地。更改接线,先拆设备端,后拆仪器端,最后解除接地线。接线员取下放电棒。负责人检查现场是否有遗留物。负责人宣布:现场已整理干净,无遗留物,全部人员离开现场。

(五)数据分析及判断

1. 《电气装置安装工程电气设备交接试验标准》(GB 50150—2016)

电压等级 35kV 及以上油浸式互感器的介质损耗因数(tanδ)与电容量测量,应符合下列规定。

(1)互感器的绕组 tanδ 测量电压应为 10kV,tanδ(%)不应大于表 4-3 中数据。当对绝缘性能有怀疑时,可采用高压法进行试验,在 $(0.5\sim1.0)U_m \cdot \sqrt{3}$ 范围内进行,其中 U_m 是设备最高电压(方均根值),tanδ 变化量不应大于 0.2%,电容变化量不应大于 0.5%。

表 4-3 介质损耗角正切值 tanδ 和电容量试验标准(20℃)

		tanδ/%			
	额定电压/kV	20~35	66~110	220	330~750
种类	油浸式电流互感器	2.5	0.8	0.6	0.5
	充硅脂及其他干式电流互感器	0.5	0.5	0.5	—
	油浸式电压互感器整体	3.0	2.5		—
	油浸式电流互感器末屏	—		2.0	

(2)对于倒立油浸式电流互感器,二次线圈屏蔽直接接地结构,宜采用反接法测量 tanδ 与电容量。

(3)末屏 tanδ 测量电压应为 2kV。

(4)电容型电流互感器的电容量与出厂试验值比较超出 5% 时,应查明原因。

2. 输变电设备状态检修试验规程(Q/GDW 1168—2013)

聚四氟乙烯缠绕绝缘(≤0.005):超过注意值时,参考测量前应确认外绝缘表面清洁、干燥。如果测量值异常(测量值偏大或增量偏大),可测量介质损耗因数与测量电压之间的关系曲线,测量电压从 10kV 到 $U_m\sqrt{3}$,介质损耗因数的增量应不超过±0.003,且介质损耗因数不大于 0.007($U_m \geqslant 550kV$)、0.008(U_m 为 363kV/252kV)、0.01(U_m 为 126kV/72.5kV),见表 4-4。当末屏绝缘电阻不能满足要求时,可通过测量末屏介质损耗因数做进一步判断,测量电压为 2kV,通常要求小于 0.015。

表 4-4 介质损耗角正切值 tanδ 和电容量试验标准

例行试验项目	基准周期	要求		
电容量和介质损耗因数（固体绝缘或油纸绝缘）	110（66）kV 及以上：3 年	(1) 电容量初值差不超过±5%（警示值）； (2) 介质损耗因数 tanδ 满足下表要求（注意值）		
		U_m/kV	126/72.5	252/353	≥550
		tanδ	≤0.01	≤0.008	≤0.007

3. 国家电网公司变电检测管理规定

(1) 电容量初值差不超过±5%（警示值）。
(2) 介质损耗因数 tanδ 不大于下表中的数值要求（注意值）。
注：聚四氟乙烯缠绕绝缘（≤0.005）；表 4-5 为电流互感器 tanδ 要求。

表 4-5 介质损耗角正切值 tanδ 和电容量试验标准

U_m/kV	126/72.5	252/363	≥550
tanδ	0.01	0.008	0.007

（六）试验要点及注意事项

(1) 湿度不大于 80%，温度不小于 5℃。
(2) 互感器表面受潮、脏污，应采用擦拭和烘干等方法。
(3) 测试前，绝缘电阻应合格。
(4) 梯子、引线、构架等有条件的应拆除，避免杂散损耗的影响。
(5) 外壳应可靠接地，桥体与被试品的接线应尽可能地短。
(6) 测末屏时，所加电压不能超过末屏所能承受的电压。

测试时 tanδ 时数据异常的处理方法如下。

(1) 测试时 tanδ 为负值的处理方法为：

1) 检查测试线是否破损，是否采用专用屏蔽型测试线；
2) 检查接线是否正确，接地是否良好；
3) 检查被试品绝缘子是否清洁无污垢、接线是否屏蔽等，重新测试，如因湿度造成外绝缘降低，可在湿度相对较小的时段（如午后）进行复测；
4) 判断是否为标准电容器介质损耗增大引起。

(2) tanδ 明显偏大或电容量明显变化的处理方法为：

1) 检查测试线是否破损，是否采用专用屏蔽型测试线，必要时测试线应悬空；
2) 检查接线是否正确，接地是否良好，测试线接触是否良好；
3) 检查被试品绝缘子是否清洁无污垢、接线是否屏蔽等，重新测试，如因

湿度造成外绝缘降低,可在湿度相对较小的时段(如午后)进行复测;

4)可采用不同仪器、不同方法进行对比分析。

三、一次绕组和二次绕组的直流电阻测量

(一)试验目的

检查回路的完整性,及时发现因制造、运输、安装、运行中由于震动或机械应力造成的导线断裂、接头开焊、接触不良、匝间短路等缺陷。电流互感器一次绕组的直流电阻非常小,若导电杆和内部引线接触不良,其一次直流电阻增长很大,在运行时,会造成接头发热,影响互感器安全运行。

(二)试验准备

(1)现场试验前,应详细了解设备的运行情况,据此制定相应的技术措施。

(2)应配备与工作情况相符的上次试验记录、标准作业卡、合格的仪器仪表、工具、放电棒和连接导线等。

(3)检查环境、人员、仪器满足试验条件。

(4)按相关安全生产管理规定办理工作许可手续。

(5)根据产品技术数据中绕组计算值,合理选择直流电阻测试仪或专用电桥,仪器精度应不低于0.2级。三相测试所用测试线应等长。

(三)试验接线及方法

1. 一次绕组的直流电阻

一次绕组接 C_1、P_1、C_2、P_2,二次绕组短接接地,末屏接地。C_1、P_1、C_2、P_2 位置如图4-7所示。

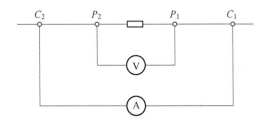

图4-7 C_1、P_1、C_2、P_2 位置图

2. 二次绕组的直流电阻

被测绕组接 C_1、P_1、C_2、P_2,其他绕组开路,末屏接地。

测试电流大小的选择:由于测试设备的输出功率所限,则大电阻时应选较小的测试电流,小电阻时选择较大的测试电流。所以测一次绕组的直流电阻时的测试电流值设为100A,测两次绕组的直流电阻时的测试电流值设为1A。

(四)操作过程

下面以测量一次、二次绕组直流电阻为例,叙述操作过程。图4-8为用于测量一次绕组直流电阻,图4-9为用于测量二次绕组直流电阻。

图4-8 变压器直流电阻测试仪
(用于测量一次绕组直流电阻)

图4-9 回路电阻测试仪
(用于测量二次绕组直流电阻)

1. 一次绕组直流电阻

(1)安全措施。根据工作票上的安全措施进行再次核对现场安全措施。

(2)对被试品放电。接线员负责。放电棒先接接地端,对电流互感器放电,先经电阻放电,后直接放电;先低压端,后高压端;最后将放电棒挂在电流互感器的高压端,将电流互感器接地。

(3)放电之后,记录员将温湿度计摆放在被试品周围,采用支架放置方式,置于通风背阴处。

(4)接线员接线。使用HL200A回路电阻测试仪。

1)先接地线(外皮透明线)的接地端,后接回路电阻测试仪的"测量接地"钮。

2)仪器的"I+""U+"按钮接红色导线,红色导线的另一端C_1、P_1夹在一次绕组的一端,C_1在外侧,P_1在内侧;仪器的"I-""U-"按钮接绿色导线,绿色导线的另一端C_2、P_2夹在一次绕组的另一端,C_2在外侧,P_2在内侧。

3)二次绕组与末屏短接接地。

4)仪器的电源线接于电缆卷盘(黑色粗线轮)。

注意:用电缆卷盘接取电源时,一人接取,一人监护。

1)先用万用表(交流电压挡)测电源是否合格。

2)合格后,拉下电源开关,测量无电压后,再插电缆卷盘的电源插头。

3)合上电源开关,合开关时要呼唱,听到接线处有人呼唱合开关,才能合开关。

4)检查电缆卷盘的漏电保护器3次,检查方法:合上电缆卷盘的开关后,按下白色方块按钮，电缆卷盘开关则跳下。

5）合上电缆卷盘的开关后，用万用表检查电缆卷盘的插孔电压是否符合试验要求，每个孔都要测，若有不合格的孔，则封上。

6）关闭电缆卷盘的开关，待用。

（5）记录员记录设备、仪器铭牌，温湿度等。

（6）工作负责人检查接线是否正确无误，接线员取下挂在一次绕组端子上的放电棒，放在接线员附近，移走绝缘梯，方可开始试验。

（7）封闭围栏，出来操作。

（8）试验过程中要进行呼唱和加强监护。操作员打开总电源，按压"↑"键，选择电流100A，按压"→"键，选择时间40s，请求加压测试；工作负责人允许加压；操作员按压"测试"键；操作员的手应放在"总电源"键附近，随时警戒异常情况的发生。测量数据出现后，操作员读取直流电阻值，记录员复诵并记录。操作员关闭电源（"总电源"）。

（9）接线员对一次绕组端子放电、接地。拆除接线，先拆高压线、接线，最后解除接地线。接线员取下放电棒。负责人检查现场是否有遗留物。负责人宣布：现场已整理干净，无遗留物，全部人员离开现场。

2. 二次绕组直流电阻

（1）安全措施。根据工作票上的安全措施进行再次核对现场安全措施。

（2）对被试品放电。接线员负责。放电棒先接接地端，对电流互感器放电，先经电阻放电，后直接放电；先低压端，后高压端；最后将放电棒挂在电流互感器的高压端，将电流互感器接地。

注意：放电时，建立戴绝缘手套。

（3）放电之后，记录员将温湿度计摆放在被试品周围，采用支架放置方式，置于通风背阴处。

（4）接线员接线。使用变压器直流电阻测试仪。

1）先接地线（外皮透明线）的接地端，后接电阻仪的"测量接地"钮。

2）仪器的"I+""V+"孔插红色导线，红色导线的另一端夹在被测二次绕组的一端（此线较细，且电压线、电流线在同一夹子上）；仪器的"I-""V-"孔插绿色导线，绿色导线的另一端夹在被测二次绕组的另一端。

3）非被测绕组开路，末屏短接接地。

（5）记录员记录设备、仪器铭牌，温湿度等。

（6）工作负责人检查接线是否正确无误，接线员取下挂在一次绕组端子上的放电棒，放在接线员附近，移走绝缘梯，方可开始试验。

（7）封闭围栏，出来操作。

（8）试验过程中要进行呼唱和加强监护。操作员打开总电源，按压"复位"

键,选择电流 1A,请求加压测试;工作负责人允许加压;操作员按压"测试"键;操作员的手应放在"复位"键附近,随时警戒异常情况的发生。测量数据出现后,操作员读取直流电阻值,记录员复诵并记录。操作员按"复位"键关闭。

(9) 接线员对二次绕组、一次绕组端子放电、接地。拆除接线,先拆设备端,后拆仪器端,最后解除接地线。接线员取下放电棒。负责人检查现场是否有遗留物。负责人宣布:现场已整理干净,无遗留物,全部人员离开现场。

(五) 数据分析及判断

1. 《电气装置安装工程电气设备交接试验标准》(GB 50150—2016)

同型号、同规格、同批次电流互感器绕组的直流电阻和平均值的差异不宜大于 10%,一次绕组有串、并联接线方式时,对电流互感器的一次绕组的直流电阻测量应在正常运行方式下测量,或同时测量两种接线方式下的一次绕组的直流电阻,倒立式电流互感器单匝一次绕组的直流电阻之间的差异不宜大于 30%。当有怀疑时,应提高施加的测量电流,测量电流(直流值)不宜超过额定电流(方均根值)的 50%。

2. 《输变电设备状态检修试验规程》(Q/GDW 1168—2013)

无要求。

3. 国家电网公司变电检测管理规定

同型号、同规格、同批次电流互感器一、二次绕组的直流电阻和平均值的差异不宜大于 10%。当有怀疑时,应提高施加的测量电流,但不大于额定电流(方均根值)的 50%。

(六) 试验要点及注意事项

(1) 在测量过程中,不能随意地切断电源或断开被试品连线。

(2) 温度对直流电阻影响很大,必要时要进行换算,与规定的温度进行比较。

(3) 连接线要牢靠,消除接触电阻的脏污。

(4) 二次绕组中间有抽头,测绕组时,测两个或两个以上的绕组值。

(5) 试验电流不超过被测绕组的额定电流的 20%,且通电时间不宜过长,以免绕组发热。

第三节　典型案例分析

以下对某 220 变电站某线电流互感器异常情况分析。

一、缺陷情况

2018 年 9 月 12 日,某 220 变电站 220kV 某 2 号线秋检停电检修,对电流互感器取油样化验。9 月 13 日上午色谱分析发现 C 相电流互感器数据异常。数据见表 4-6。

表 4-6 220kV 某 2 号线 C 相电流互感器油色谱试验数据

试验时间	试验性质	H_2	CO	CO_2	CH_4	C_2H_4	C_2H_6	C_2H_2	ΣC
2015 年 3 月 17 日	例行	62.5	18.67	622.8	5.73	0.13	1.3	0	0.91
2018 年 9 月 13 日	例行	13803.58	8.29	371.43	4619.72	18.9	3938.8	20.9	8298.4

发现该电流互感器氢气（13803.58）、总烃（8598.4）、乙炔（20.9）含量均超标，注意值为：总烃不大于 100μL/L，氢气不大于 150μL/L，乙炔不大于 1μL/L。氢气、甲烷及乙烷等烷烃组分含量增长过快、严重超标，并出现乙炔。经分析，该互感器内部有可能发生放电故障。

2018 年 9 月 15 日，省公司已调配 3 只电流互感器安装更换，随后将 C 相电流互感器返厂解体检查。

二、设备情况

某变电站 220kV 某 2 号三相电流互感器为牡丹江第一互感器厂生产，型号为 LB7-220（W3），2009 年 9 月 1 日出厂，2011 年 12 月 26 日投运，近期运维无异常、上次检修时间为 2016 年 4 月 13 日，该设备无异常。

三、返厂试验情况

（一）绝缘电阻测试

一次绕组对二次绕组及地 2500MΩ；一次绕组间 2500MΩ；二次绕组间及地 2500MΩ；末屏对地 2500MΩ。绝缘电阻技术要求：使用 2500V 兆欧表，绝缘电阻不低于 1000MΩ。

（二）电容量和介损测试

在测试电压 10kV、$(0.5U_m/\sqrt{3})$kV 及 $(U_m/\sqrt{3})$kV 下进行电容量及介质损耗因数 $\tan\delta$ 测量，试验数据见表 4-7。

表 4-7 介损试验数据

施加电压/kV	10	60	$(U_m/\sqrt{3})$：145
$\tan\delta/\%$	1.04	—	—
C_x/pF	778.6	—	—

关于电容量及介质损耗因数 $\tan\delta$ 测量试验的技术要求：在 10kV 和 $(U_m/\sqrt{3})$kV 电压下，$\tan\delta$ 不大于 0.8%；在 $[(0.5-1)U_m/\sqrt{3}]$kV 电压下，$\tan\delta$ 增量不超过 0.3%。

（三）绝缘油试验

对该电流互感器的绝缘油开展击穿电压、介质损耗因数、含水量及油色谱试验分析，试验成绩见表 4-8 和表 4-9。

表 4-8　绝缘油试验数据

击穿电压/kV	$\tan\delta$/%	含水量/$\mu L \cdot L^{-1}$
39.4	1.4	23

表 4-9　油色谱试验数据

H_2	CO	CO_2	CH_4	C_2H_4	C_2H_6	C_2H_2	ΣC
1067	20.88	290.86	931.68	7.40	2273.82	7.35	3220.04

关于绝缘油试验的技术要求：击穿电压不小于 50kV；介质损耗因数 $\tan\delta$（90℃）不大于 0.5%；含水量不大于 25μL/L；运行中绝缘油色谱中 H_2 不大于 150μL/L；$C_2H_2 \leqslant 1\mu L/L$；$\Sigma C \leqslant 100\mu L/L$。

（四）试验小结

电流互感器试验结果：绝缘电阻测试一次绕组对二次绕组及地、一次绕组间、二次绕组间及对地、末屏对地绝缘电阻均符合要求；电容量和介损测试，电容量变化不大，但介损量明显增长，介损超标；绝缘油试验，含水量合格，但绝缘油的击穿电压、介质损耗因数、均不符合相关标准要求；油色谱试验，氢气、乙炔、总烃均超标。

四、解体情况

（1）膨胀器检查。某 2 号线电流互感器膨胀器上部有裂口，外观检查非人为破坏，裂口周围未见明显渗漏油痕迹。裂口部位在膨胀器折叠部位，怀疑此裂口部位在产品生产过程中形成薄弱点，膨胀器长期伸缩补偿造成此薄弱点损坏，有潮气进入，如图 4-10 所示。

图 4-10　膨胀器

(2) 一次绕组绝缘包扎紧实,无松散现象,各主屏、端屏位置尺寸符合图纸要求,一次绕组串、并联接线板未见异常,末屏接地未见异常,如图 4-11 所示。

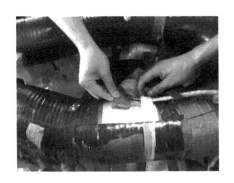

图 4-11 一次绕组串、并联接线板

(3) 电容屏解体检查。从外向内第三屏开始,出现大面积的 X 蜡(见图 4-12),在绕组弯折处绝缘纸发硬并有褶皱(见图 4-13),铝箔上未见放电痕迹。

图 4-12 绝缘纸表面褶皱　　　　图 4-13 绝缘纸表面 X 蜡

(4) U 形一次绕组表面光滑,无损伤及毛刺,外观良好,如图 4-14 所示。
(5) 二次绕组及铁心,二次绕组缠绕紧实,未发现放电痕迹。拆开二次绕组,发现二次绕组铁心接头较多,断面粗糙,铁心表面树脂漆刷涂不均匀,存在大面积断面未刷到,如图 4-15 所示。

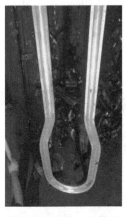
图 4-14　U 形一次绕组

图 4-15　二次绕组铁心接头较多

五、原因分析及结论

解体后,发现该电流互感器膨胀器上部存在裂口,且电容屏表面有大面积的蜡状物产生并且呈现整体全覆盖。经分析查验,该蜡状物是矿物绝缘油在放电作用被击穿后发生脱氢反应产生的高分子聚合物,通常称为 X 蜡。

产生该故障的原因可能是由于膨胀器上部裂口导致空气进入互感器内部或产品干燥不彻底,致使绝缘油劣化,在长时间运行过程中,易产生局部低电能放电,从而导致 $\tan\delta$ 值增加。这种放电的累计效应使绝缘油中出现了电弧放电的特征,产生了一定量的 C_2H_2 等特征气体。

六、下一步工作及建议

(1) 运行值班人员要加强巡视工作,重点观察油位变化及膨胀器补偿功能是否正常,以便及早发现设备存在的异常现象。

(2) 加强对高压试验数据的分析,对与历年试验数据对比有明显变化的设备,应引起足够的重视,并缩短相应设备的试验周期,进行跟踪监测。

(3) 对怀疑有内部异常的充油类设备,应迅速对其绝缘油进行油色谱分析、微水试验,采取有效的试验方法,集中监测绝缘油的特征变化,结合高压试验的试验结果,从而及早发现并处理异常。

第五章 电压互感器试验

第一节 电压互感器基本知识

一、电压互感器的作用

电压互感器的作用是隔离高电压,实质上是一台变压器,将系统中的高电压变换成低电压,再连接到仪表或继电器,供继电保护、自动装置和测量仪表获取一次侧电压信息。电压互感器用 TV 表示。

其主要作用如下。

(1) 对低电压的二次系统与高电压的一次系统实施电气隔离,保证工作人员安全。

(2) 将一次回路的高电压和大电流变为二次回路的标准值,使测量仪表和继电器小型化和标准化;使二次设备的绝缘水平按低电压设计,从而结构轻巧,价格便宜。通常电压互感器副边的额定电压为 100V 或者 $(100/\sqrt{3})$V,电流互感器副边的额定电流一般为 5A 或者 1A。

二、电压互感器的原理及结构

电压互感器的结构原理和变压器类似,即在一个闭合磁回路的铁心上绕有互相绝缘的一次绕组和二次绕组。其绝缘强度要求和同电压等级的变压器也大致相同。

电磁式电压互感器原边匝数多,副边匝数少。降压变压器将一次系统的大电压变为二次系统的小电压,二次绕组所并接的测量仪表或继电器电压线圈为高阻抗,相当于开路,所以二次电流不大。原边与副边比的关系为:

$$\frac{U_1}{U_2} = \frac{N_1}{N_2} = \frac{I_2}{I_1} \tag{5-1}$$

电磁式电压互感器原理图如图 5-1 所示。

电容式电压互感器简称 CVT,作为一种电压变换装置应用于电力系统,主要作电测量仪表及继电保护装置的电压信号取样设备。它接于高压与地之间,将系统电压转换成二次电压。CVT 由一台电容分压器加一台电磁单元组成。

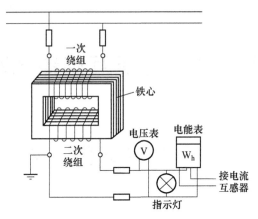

图 5-1 电磁式电压互感器原理图

电容式电压互感器的本体是一个电容分压器加一台电磁单元组成（见图 5-2），电容分压的分压比为：

$$K = \frac{C_1}{C_1 + C_2} \tag{5-2}$$

调节 C_1 和 C_2 的比值即可得到不同的分压比，为使 C_2 上的电压不随负载电流大小而变化，串入了适当的电感 L（补偿电抗器），这一串入的电感称补偿电抗。电感量的大小，决定于分压器的内阻 Z_2。如果串入 L 后，分压器内阻等于零，则输出电压 U_2 不随负载大小而变化。ZD 是阻尼电抗器，用以防止操作中产生的谐振过电压。

电容式电压互感器原理如图 5-3 所示。

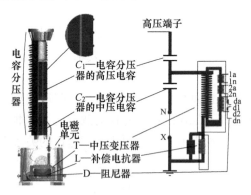

图 5-2 电容式电压互感器结构图

如图 5-4 为广泛应用的单相三绕组、环氧树脂浇注绝缘的户内 JDZJ-10 型电压互感器外形结构。

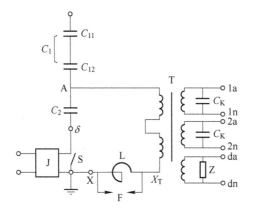

图 5-3 电容式电压互感器原理图

1a,1n,2a,2n—主二次绕组;da,dn—辅助绕组;Z—阻尼器;C_K—补偿电容;C_1—主电容(高压电容)(包括主电容 C_{11}、C_{12});C_2—分压电容(中压电容);δ(N)—电容分压器低压端;S—接地开关;J—载波耦合装置,要连载波装置时,断开接地开关 S,不接时,导通 S;T—中间变压器(中压互感器);X—接地端;L—补偿电抗器;F—保护间隙

(上节电容分压器只有 C_{11},C_{12} 与 C_2 都在下节电容分压器中,A 点没有引出线;

电容大,分压小,$C_2 \gg C_1$,C_{11} 与 C_{12} 基本相等)

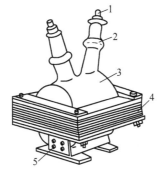

图 5-4 JDZJ-10 型电压互感器外形结构

1——一次接线端子;2—高压绝缘套管;

3——一、二次绕组、环氧树脂浇注;4—铁心;5—二次接线端子

电压互感器的二次绕组需开路运行。电压互感器本身阻抗很小,二次约有 100V 电压,应接于能承受 100V 电压的回路里,其所通过的电流由二次回路阻抗的大小来决定。

短路运行的危害有:二次通过的电流增大,造成二次熔断器熔断;如熔断器容量选择不当,极易损坏互感器。电压互感器二次必须接地,电压互感器二次接地属于保护接地,防止一、二次绝缘损坏击穿,高电压窜到二次侧,对人身和设备造成危险,所以二次必须接地。

第二节 电磁式电压互感器常规试验

电压互感器的结构原理和变压器类似,即在一个闭合磁回路的铁心上绕有互相绝缘的一次绕组 W_1 和二次绕组 W_2。其绝缘强度要求和同电压等级的变压器也大致相同。对于运行过程中电压互感器的试验来说,可以分为现场交接试验和例行试验等。

(1) 现场交接试验:
1) 测量绕组的绝缘电阻;
2) 测量 35kV 及以上电压互感器的介质损耗因数 $\tan\delta$;
3) 局部放电试验;
4) 交流耐压试验;
5) 绝缘介质性能试验;
6) 测量绕组的直流电阻;
7) 检查联结组别和极性;
8) 误差测量;
9) 测量电流互感器的励磁特性曲线;
10) 测量电磁式电压互感器的励磁特性;
11) 电容式电压互感器(CVT)的检测;
12) 密封性能检查;
13) 测量铁心夹紧螺栓的绝缘电阻。

(2) 例行试验:
1) 绝缘电阻;
2) $\tan\delta$(35kV 及以上时);
3) 油中溶解气体色谱分析及油中水分含量测定;
4) 红外检测;
5) SF_6 气体湿度;
6) 现场分解产物测试(SF_6 气体绝缘)。

一、电磁式电压互感器主绝缘电阻及末屏绝缘试验

(一) 试验目的

电磁式电压互感器绝缘电阻,能灵敏地反映电磁式电压互感器绝缘情况,有效发现绝缘整体受潮、脏污、贯穿性缺陷,以及绝缘击穿和严重过热老化的缺陷。

(二) 试验准备

(1) 了解被试设备的情况及现场试验条件。查阅相关技术资料,包括历年试验数据及相关规程,掌握设备运行及缺陷情况。

(2) 测试仪器、设备的准备。选择合适的绝缘电阻表、测试线、屏蔽线、接地线、安全带、安全帽、安全围栏、标示牌等。

(3) 办理工作票并做好试验现场安全和技术措施。向试验人员交代工作内容、现场安全措施、现场作业危险点等,明确人员分工及试验程序。

(三) 试验接线及操作

1. 原理接线图

电磁式电压互感器绝缘电阻试验原理接线如图 5-5 所示。

2. 示意接线图

电磁式电压互感器绝缘电阻试验示意接线如图 5-6 所示。

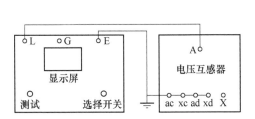
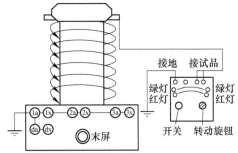

图 5-5 电磁式 PT 绝缘电阻试验原理接线图　　图 5-6 电磁式 PT 绝缘电阻试验示意接线图

将被试品互感器绕组末端接地拆除,将二次侧绕组短接接地,将绝缘电阻表接地端同被试设备可靠接地,将测试仪接到被试品一次端,测量绝缘电阻;拆除二次侧绕组接地,将绝缘电阻表连接到二次侧,测试二次侧绕组绝缘电阻,并记录数据。

绝缘电阻测试仪实物图如图 5-7 所示。

(四) 数据分析及判断

1.《电气装置安装工程电气设备交接试验标准》(GB 50150—2016)

应测量一次绕组对二次绕组及外壳、各二次绕组间及其对外壳的绝缘电阻;绝缘电阻值不宜低于 1000MΩ。

2.《输变电设备状态检修试验规程》(Q/GDW 1168—2013)

一次绕组用 2500V 兆欧表,二次绕组采用 1000V 兆欧表。测量时非被测绕组应接地。同等或相近测量条件下,绝缘电阻应无显著降低。电磁式电压互感器主绝缘电阻及末屏绝缘试验标准见表 5-1。

图 5-7 绝缘电阻测试仪

表 5-1 电磁式电压互感器主绝缘电阻及末屏绝缘试验标准

例行试验项目	基准周期	要求
绕组绝缘电阻	≥110（66）kV 时：3 年	（1）一次绕组：初值差不超过-50%（注意值）； （2）二次绕组：≥10MΩ（注意值）

3. 国家电网公司变电检测管理规定

电磁式电压互感器主绝缘电阻及末屏绝缘试验标准见表 5-2。

表 5-2 电磁式电压互感器主绝缘电阻及末屏绝缘试验标准

设备	项目	标准
电磁式电压互感器	绕组绝缘电阻	（1）一次绕组：绝缘电阻初值差不超过-50%； （2）二次绕组：≥10MΩ（注意值）； （3）同等或相近测量条件下，绝缘电阻应无显著降低（注意值）

（五）试验要点及注意事项

（1）绝缘电阻测量结束后必须对被试品充分放电，以防人员触电。

（2）测量时小心红色表笔伤人。

（3）若是自带放电功能的仪器，测量结束后，应先关机，后取下红色测量表笔；若是不带放电功能的仪器，测量结束后必须先取下红色表笔，再关机，以防被试品反放电损坏仪器。

二、电磁式电压互感器介质损耗因数及电容量测量

(一) 试验目的

介质损耗用来判断互感器绝缘品质的好坏,它仅取决于绝缘材料的本身特性。其目的是灵敏地发现电压互感器的绝缘整体受潮、劣化变质及套管绝缘损坏等缺陷。

(二) 试验准备

(1) 了解被试设备的情况及现场试验条件。查阅相关技术资料,包括历年试验数据及相关规程、掌握设备运行及缺陷情况。

(2) 测试仪器、设备的准备。选择合适的电桥或者数字式自动介质损耗测试仪、测试线、屏蔽线、接地线、安全带、安全帽、安全围栏、标示牌等。

(3) 办理工作票并做好试验现场安全和技术措施。向试验人员交代工作内容、现场安全措施、现场作业危险点等,明确人员分工及试验程序。

(三) 试验接线及方法

1. 原理接线图

电磁式电压互感器介质损耗试验原理接线如图 5-8 所示。

2. 示意接线图

电磁式电压互感器介质损耗试验示意接线如图 5-9 所示。

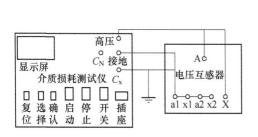

图 5-8 电磁式 PT 介质损耗试验原理接线图

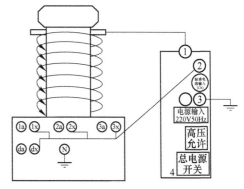

图 5-9 电磁式 PT 介质损耗试验示意接线图

拆除互感器二次所有桩头接线,将每项二次侧末端短接。对照测试仪接线方式,分别将两根测试线和一根接地线,连接到测试仪面板上,接地线另一端可靠接地,高压测试线(包括屏蔽线)另一端接到互感器的一次侧,将互感器二次侧每项末端短接起来后与信号线 C_x 可靠连接,将测试仪电源线分别连接到测试仪面板和带有隔离开关的电源箱上。

(四) 操作过程

待换线操作人员距测试线、各接线足够的安全距离后,打开总电源,待测试仪自检完成出现选择菜单后打开高压允许开关,选择正接线,内高压,10kV。选择完毕后将光标移至启动键,长按启动键,待仪器显示屏进入试验界面后松开启动键,等待试验结束,记录试验数据。

(五) 数据分析及判断

1. 《电气装置安装工程电气设备交接试验标准》(GB 50150—2016)

电磁式电压互感器介质损耗因数及电容量测量标准见表5-3。

表5-3　电磁式电压互感器介质损耗因数及电容量测量标准

种　类	20~35	66~110	220	330~750
油浸式电压互感器整体	3	2.5		—

2. 《输变电设备状态检修试验规程》(Q/GDW 1168—2013)

电磁式电压互感器介质损耗因数及电容量测量标准见表5-4。

表5-4　电磁式电压互感器介质损耗因数及电容量测量标准

例行试验项目	基准周期	要　求
绕组绝缘介质损耗因数(20℃)	≥110(66)kV时:3年	(1) ≤0.02(串级式)(注意值); (2) ≤0.005(非串级式)(注意值)

3. 国家电网公司变电检测管理规定

绕组绝缘介质损耗因数(20℃):

(1) 不大于0.02(串级式)(注意值);

(2) 不大于0.005(非串级式)(注意值)。

支架介质损耗因数不大于0.05。

(六) 试验要点及注意事项

(1) 介质损耗试验需要施加高压,试验中加强监护,保证试验环境安全,防止其他人员触电。

(2) 因仪器型号不同,选用的试验方法其接线也不同,试验前检查、核对仪器与接线方法是否正确,以免影响试验结果。

(3) 现场测量存在电场和磁场干扰影响时,应采取相应措施进行消除。

三、电磁式电压互感器直流电阻试验

(一) 试验目的

测量互感器一次、二次绕组的直流电阻是为了检查电气设备回路的完整性,以便及时、发现因制造、运输、安装或运行中由振动和机械应力等原因所造成的

导线断裂、接头开焊、接触不良、匝间短路等缺陷。

（二）试验准备

（1）了解被试设备的情况及现场试验条件。查阅相关技术资料，包括历年试验数据及相关规程、掌握设备运行及缺陷情况。

（2）测试仪器、设备的准备。选择合适的直流电阻测试仪、测试线、屏蔽线、接地线、安全带、安全帽、安全围栏、标示牌等。

（3）办理工作票并做好试验现场安全和技术措施。向试验人员交代工作内容、现场安全措施、现场作业危险点等，明确人员分工及试验程序。

（三）试验接线及操作

1. 示意接线图

电磁式电压互感器一次、二次绕组直流电阻试验示意接线如图 5-10 和图 5-11 所示。

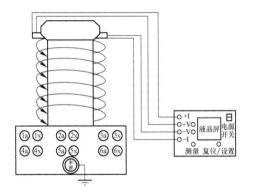
图 5-10 一次绕组直流电阻测试示意图

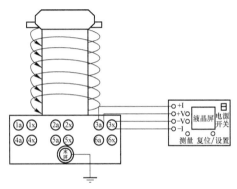
图 5-11 二次绕组直流电阻测试示意图

2. 试验用直流电阻测试仪实物图

试验用直流电阻测试仪实物图如图 5-12 所示。

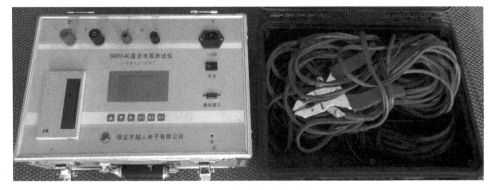
图 5-12 直流电阻测试仪

(1) 首先使用接地线将仪器接地与大地连通。将两根试验线（红黑）分别接在仪器的"+I""-I""+V""-V"四个接线端子上（如红黑线有粗细区别，则粗线接I端子，细线接V端子）。红黑连根试验线的钳夹端分别夹在被试设备的两端。

(2) 接好试验电源后打开仪器的试验电源，进入试验电流选择界面，可通过"复位/选择"键选择试验需要的电流，如无法确定选择，则可参考铭牌或将电流从小向大依次试验确定。试验完成后，点击"复位/选择"按钮，然后关闭电源。

注意：如需更换试品，则应在前试品阻值显示出来后，点击复位键，关闭电源，断开电源后更换试品，防止因误操作造成测试线带电。

（四）数据分析及判断

1.《电气装置安装工程电气设备交接试验标准》（GB 50150—2016）

一次绕组直流电阻测量值，与换算到同一温度下的出厂值比较，相差不宜大于10%。二次绕组直流电阻测量值，与换算到同一温度下的出厂值比较，相差不宜大于15%。

2.《输变电设备状态检修试验规程》（Q/GDW 1168—2013）

无要求。

3. 国家电网公司变电检测管理规定

一次绕组直流电阻测量值，与换算到同一温度下的出厂值比较，相差不宜大于10%。二次绕组直流电阻测量值，与换算到同一温度下的初值比较，相差不宜大于15%。

（五）试验要点及注意事项

(1) 使用直流电阻测试仪在接线时要注意仪器的接线柱正、负极。

(2) 使用的电源应电压稳定、容量充足，以防止由于电流波动产生自感电动势而影响测量的准确性。

(3) 试验电流不得大于被测电阻额定电流的20%，且通电时间不宜过长，以减小被测电阻因发热而产生较大误差。

四、电磁式电压互感器变比极性检查

（一）试验目的

电压互感器的极性和变比试验是为了检查电压互感器的极性和变比是否符合铭牌标志规定。

（二）试验准备

(1) 了解被试设备的情况及现场试验条件。查阅相关技术资料，包括历年试验数据及相关规程，掌握设备运行及缺陷情况。

(2) 测试仪器、设备的准备。选择合适的自动变比测试仪、测试线、屏蔽线、接地线、安全带、安全帽、安全围栏、标示牌等。

（3）办理工作票并做好试验现场安全和技术措施。向试验人员交代工作内容、现场安全措施、现场作业危险点等，明确人员分工及试验程序。

(三) 试验接线及操作

1. 原理接线图

电磁式电压互感器变比、极性试验原理接线如图 5-13 所示。

2. 接线示意图

电磁式电压互感器变比、极性试验示意接线如图 5-14 所示。

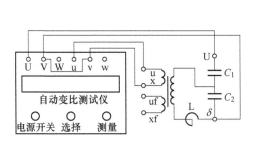

图 5-13 电磁式 PT 变比、极性试验原理接线图

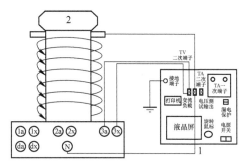

图 5-14 电磁式 PT 变比、极性试验示意接线图

3. 试验用变比测试仪实物图（见图 5-15）

取出线包中二次线一端接在仪器交流输出口，另一端接在被测 TV 的一次接线板及 $X(N)$ 上。将二次线一端接在仪器 TV 二次输入端子上，另一端接在被测 TV 的被测端子上。注意仪器的一次输入与二次输入不要接反，接反会导致仪

图 5-15 变比测试仪

器烧损。检查好接线无误后,在主菜单界面选择"参数设置",输入被试 TV 的变比参数,然后进入 TV 试验界面,选择"TV 变比",进入"TV 变比试验"界面。旋转鼠标设置一次侧输出电压(0~2500V)设定完毕后,选择"自动试验",推上"漏电保护开关"后选择"确定"后试验开始。仪器将自动按设定值升流试验结束后仪器自动计算出比值、角差、比差、极性。关闭"漏电保护开关",将仪器给出的比值与 TV 铭牌上的参数比较是否正确,退出试验界面,关闭电源,试验结束。

(四)数据分析及判断

1.《电气装置安装工程电气设备交接试验标准》(GB 50150—2016)

互感器误差及变比测量,应符合下列规定:

(1)用于关口计量的互感器(包括电流互感器、电压互感器和组合互感器)应进行误差测量;

(2)用于非关口计量的互感器,应检查互感器变比,并应与制造厂铭牌值相符,对多抽头的互感器,可只检查使用分接的变比。

2.《输变电设备状态检修试验规程》(Q/GDW 1168—2013)

对核心部件或主体进行解体性检修之后,或需要确认电压比时,进行本项目。在 80%~100%的额定电压范围内,在一次侧施加任一电压值,测量二次侧电压,验证电压比。简单检查可取更低电压。

3. 国家电网公司变电检测管理规定

对于 3P 准确级电压互感器,一次电压下的误差应不大于±3%;对于 6P 准确级电压互感器,一次电压下的误差应不大于±6%。

(五)试验要点及注意事项

(1)试验电源应与使用仪器的工作电源相同。

(2)为防止剩余电荷影响测量结果,测试前必须对互感器进行充分放电。

(3)测量操作顺序必须按照仪器的"使用说明书"进行。

(4)测量时最好在端子箱连同二次引线仪器进行测量,以检查二次引线连接是否正确。

(5)试验中,二次加压后在一次侧可能感应出较高的电压,因此人员要远离被试设备。

第三节 电容式电压互感器常规试验

一、电容式电压互感器分压电容器两极间的绝缘电阻

(一)试验目的

电容式电压互感器绝缘电阻,能灵敏地反映电容式电压互感器绝缘情况,有效

发现绝缘整体受潮、脏污、贯穿性缺陷,以及绝缘击穿和严重过热老化的缺陷。

(二) 试验准备

(1) 工作人员:电气试验人员不得少于两人,其中监护人员应由有经验的员工担任,试验人员必须经过高压专业培训,掌握设备及仪器使用方法。

(2) 资料准备:试验规程、作业指导书、历史数据、现场作业表单。

(3) 仪器及工具:试验警示围栏一组、安全带若干、万用表1只、便携式电源盘1个、绝缘操作杆若干支、温湿度计1个、工具及试验线箱1个、输出电压为0~2500V数字式绝缘电阻表1台、绝缘梯若干。

(4) 布置现场:搬运仪器、工具;布置警示围栏,必要时设专人监护;仪器接地;抄录设备铭牌;记录现场环境温湿度;取试验电源;必要时拆除端子盒二次接线,填写二次措施单。

(三) 试验接线及方法

(1) 仪器检查。对绝缘电阻表进行开路、短路测试。

(2) 试验接线。以无试验抽头的CVT接线图为例,如图5-16所示。

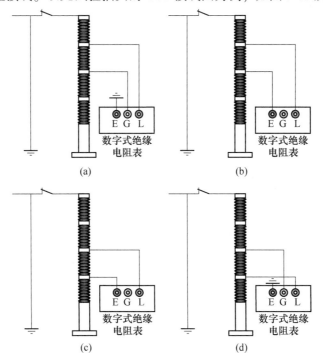

图5-16 绝缘测量的接线方式

(a) 测量C_{11};(b) 测量C_{12};(c) 测量C_{13};(d) 测量C_{14}

(3) 检查试验接线是否正确,接地是否牢固。

(4) 选择合适的测量电压。电容器极间绝缘测量使用2500V挡,低压端对地绝缘测量使用 1000V 挡。

（5）开始测量并读取 60s 时的测量值。监护人随时留意设备有无异常，若是有异常放电现象，立即拉开试验电源，保持现状，待检查无误后方可继续。

（6）测量结束。将仪器放电，待仪表显示已经放电完毕后，将被试品短路接地。

（四）操作过程

图 4-4 为试验用绝缘电阻测试仪实物图。试验过程中要进行呼唱和加强监护。操作员打开电源开关，兆欧表自检后，打开电源，按"电压选择"键，选择电压 2500V，请求加压；工作负责人允许加压；操员按"启动（停止）"键；操作员的手应放在"启动（停止）"键附近，随时警戒异常情况的发生。

测量数据稳定后，操作员按压"启动（停止）"键，读取绝缘电阻值，记录员复诵并记录，操作员关闭电源（"关"）。

（五）数据分析及判断

1. 《电气装置安装工程电气设备交接试验标准》（GB 50150—2016）

应测量一次绕组对二次绕组及外壳、各二次绕组间及其对外壳的绝缘电阻；绝缘电阻值不宜低于 1000MΩ。

2. 《输变电设备状态检修试验规程》（Q/GDW 1168—2013）

二次绕组绝缘电阻可用 1000V 兆欧表测量。

电容式电压互感器分压电容器两极间的绝缘电阻标准见表 5-5。

表 5-5　电容式电压互感器分压电容器两极间的绝缘电阻标准

例行试验项目	基准周期	要　　求
二次绕组绝缘电阻	≤110(66)kV 时：3 年	≥10MΩ（注意值）

3. 国家电网公司变电检测管理规定

电容式电压互感器分压电容器两极间的绝缘电阻标准见表 5-6。

表 5-6　电容式电压互感器分压电容器两极间的绝缘电阻标准

设　备	项　目	标　准
电容式电压互感器	电容器极间绝缘电阻	（1）≥10000MΩ（1000kV）（注意值）； （2）≥5000MΩ（其他）（注意值）
	低压端对地绝缘电阻	不低于 100MΩ
	二次绕组绝缘电阻	（1）≥1000MΩ（1000kV）； （2）≥10MΩ（其他）（注意值）
	中间变压器的绝缘电阻	（1）一次绕组对二次绕组及对地应大于 1000MΩ； （2）二次绕组之间及对地应大于 10MΩ

（六）试验要点及注意事项

（1）绝缘电阻测量结束后必须对被试品充分放电，以防人员触电。

（2）测量时小心红色表笔伤人。

（3）若是自带放电功能的仪器，测量结束后，应先关机，后取下红色测量表笔；若是不带放电功能的仪器，测量结束后必须先取下红色表笔，再关机，以防被试品反放电损坏仪器。

（4）被试品为容性设备，试验后要长时间充分放电。

二、电容式电压互感器分压电容器的介质损耗值和电容值

（一）试验目的

测量介质损耗值，可以反映出绝缘的一系列缺陷，如绝缘受潮、油或浸渍物脏污、劣化变质等缺陷。测量电容值，可反映出分压电容器是否有被击穿的现象。

（二）试验准备

（1）工作人员：电气试验人员不得少于两人，其中监护人员应由有经验的员工担任，试验人员须经过高压专业培训，掌握设备及仪器使用方法。

（2）资料准备：试验规程、作业指导书、历史数据、现场作业表单。

（3）仪器及工具：试验警示围栏1组、安全带若干、万用表1只、便携式电源盘1个、绝缘操作杆若干支、温湿度计1个、工具及试验线箱1个、介质损耗仪1台、绝缘梯若干。

（4）布置现场：搬运仪器、工具；布置警示围栏，必要时设专人监护；仪器接地；抄录设备铭牌；记录现场环境温湿度；取试验电源；必要时拆除端子盒二次接线，填写二次措施单。

（三）试验接线及方法

（1）仪器检查。检查介质损耗仪的设置是否正确、完好。

（2）试验接线。以无试验抽头引出的CVT为例，测量接线如图5-17和图5-18所示。

（3）检查试验接线是否正确，接地是否牢固。测量最上节C_{11}时采用反接屏蔽法（如果CVT的接地开关拉开，可采用正接法测量）；测量中间节C_{12}、C_{13}采用正接法；对有试验抽头引出的互感器、与底座相连的分压电容以及底座电容测量C_{14}和C_2时采用正接法，对无试验抽头引出的互感器测量C_{14}和C_2时采用自激法。

（4）选择正确的试验电压。正接法、反接法测量C_{11}、C_{12}、C_{13}、C_{14}采用10kV试验电压，正接法测量C_2采用5kV试验电压；自激法采用不大于2000V的试验电压。

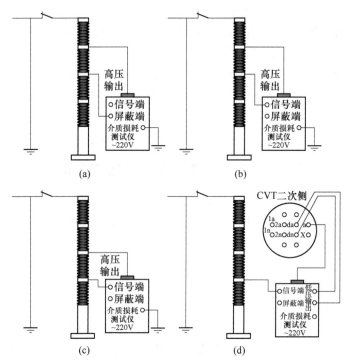

图 5-17 分压电容器介质损耗及电容的测量接线图

(a) 测量 C_{11}; (b) 测量 C_{12}; (c) 测量 C_{13}; (d) 测量 C_{14}

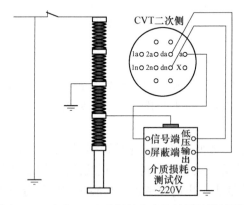

图 5-18 底座 C_2 介质损耗及电容的测量接线图

(5) 自激法测量时须断开电容式电压互感器二次侧空气开关。建议从 da、dn 端子施加试验电压,仪器输出的试验电压不大于 2000V,互感器二次侧输入电流不大于 10A。

(6) 各种接线方法的比较。

1) 正接法适用于电容器无接地端的情况,测量准确度较高,电桥测量电路处于低电位,试验电压不受电桥绝缘水平限制,易排除高压端对地杂散电流对实际测量结果的影响,抗干扰性强。

2) 反接法适用于电容器一端接地的情况,测量结果受引线对地电容的影响,所以测出的电容值比正接法大,不能反映真实的电容值。电桥测量电路处于高电位,安全性差。

3) 侧接线适用试品一端接地,而电桥又没有足够的绝缘强度进行反接线测量时,试验电压不受电桥绝缘水平限制。由于该接线电源两端都不接地,电源间干扰和几乎全部杂散电流均引进了测量回路,测量结果误差大,因而很少被采用。

(7) 开始测量并记录数据,监护人随时留意设备有无异常,若是有异常放电现象,立即拉开试验电源,保持现状,待检查无误后方可继续。

(8) 停止测量,断开介质损耗仪电源,将被试品短路放电并接地。

(四) 操作过程

图 3-11 为试验用高压变频抗干扰介质损耗测试仪实物图,图 5-19 为测试仪接加压线位置。试验过程中要进行呼唱和加强监护。操作员接取电源,先插仪器端再接电缆卷盘,打开仪器"总电源"。利用"上""下""左""右"按键,在显示屏上选择"正接线、电压 10kV、频率 45Hz/55Hz",或"CVT 自激法、电压 2.5kV、频率 45Hz/55Hz"。

图 5-19 测试仪接加压线位置

操作员请求加压,工作负责人允许加压。操作员打开"内高压允许"开关,长按"启停"键,听到响声后,开始测量;操作员的手应放在"总电源"开关附近,随时警戒异常情况的发生。

测量完成后，关闭"内高压允许"开关。操作员读出测试结果，记录员复诵并记录。操作员关闭"总电源"开关，关闭电缆卷盘开关，拔掉仪器的电源线。

（五）数据分析及判断

1. 《电气装置安装工程电气设备交接试验标准》（GB 50150—2016）

CVT 电容分压器电容量与额定电容值比较不宜超过 5%~10%，介质损耗因数 tanδ 不应大于 0.2%。

2. 输变电设备状态检修试验规程（Q/GDW 1168—2013）：

在测量电容量时宜同时测量介质损耗因数，多节串联的，应分节独立测量。电容式电压互感器分压电容器的介质损耗值和电容值标准见表 5-7。

表 5-7 电容式电压互感器分压电容器的介质损耗值和电容值标准

例行试验项目	基准周期	要求
分压电容器试验	≥110(66)kV 时：3 年	（1）极间绝缘电阻≥5000MΩ（注意值）； （2）电容量初值差不超过±2%（警示值）； （3）介质损耗因数：≤0.005（油纸绝缘）（注意值），≤0.0025（膜纸复合）（注意值）

3. 国家电网公司变电检测管理规定

（1）电容量初值差不超过±2%（警示值）。

（2）介质损耗因数 tanδ：

1）不大于 0.005（油纸绝缘）（注意值）；

2）不大于 0.0025（膜纸复合）（注意值）。

（六）试验要点及注意事项

（1）被试品温度不应低于+5℃，应在良好的天气下进行，且空气相对湿度一般不高于 80%。

（2）针对被试品表面泄漏电流较大，可以采用屏蔽法，或在试验前清理被试品表面的水渍及灰尘。

（3）试验用的导线应使用绝缘护套线或屏蔽线，接线应尽量与被试品成 90°夹角并将其悬空，防止导线与试品外壳以及对地形成电容，影响试验数据。

（4）对变电设备来说，由于电桥电压（2500~10000V）常远低于设备的工作电压，介损测量虽可以反映出绝缘受潮、油或浸渍物脏污、劣化变质等缺陷，但难以反映出绝缘内部的工作电压局部放电性缺陷。因此，在怀疑绝缘性能有故障以及绝缘密封不好时，需要做局部放电试验或交流耐压试验。

（5）试验时应记录环境温度、湿度。测量完成后恢复中间变压器各端子的正确连接状态。

第四节 典型案例分析

以下对某 10kV Ⅰ 母线电压互感器手车故障进行分析。

2021 年某日,某变电站 1 号主变主二次(以下简称 1 号主二次)过流 Ⅰ 段保护动作,开关跳闸,1 号主变主一次未跳闸。跳闸造成某变 10kV Ⅰ 母线系统停电,4 个 10kV 出口停电 2h。

一、故障前系统运行方式

1 号主变、2 号主变分列运行,10kV 母联在分位。

二、故障设备基本情况

某 66kV 变电站 10kV Ⅰ母线电压互感器手车为某电力开关有限公司生产的 KY28A 型手车刀闸,避雷器为某避雷器厂生产的 HY5WZ-17/45 型避雷器,于 2008 年投运至今,最近一次检修试验时间为 2016 年 5 月,数据合格,未发现问题。

三、故障情况

(一) 现场检查情况

对 10kV Ⅰ母电压互感器开关柜及手车进行检查,手车刀闸 C 相动触头严重烧损,三相避雷器严重损坏。

10kV Ⅰ母电压互感器手车触头烧损位置和避雷器损坏情况分别如图 5-20 和图 5-21 所示;开关柜静触头烧灼痕迹和开关柜清理后情况分别如图 5-22 和图 5-23 所示。

(二) 二次保护情况

现场对系统后台报文进行检查发现,17 时 39 分左右,电流速断保护动作,故障电流为 25.23A。1 号主变低后备保护动作信号如图 5-24 所示。

图 5-20　10kV Ⅰ 母电压互感器
手车触头烧损位置

图 5-21　10kV Ⅰ 母电压互感器
避雷器损坏情况

图 5-22 开关柜静触头烧灼痕迹

图 5-23 开关柜清理后情况

C相静触头大部分已经熔化

图 5-24 1 号主变低后备保护动作信号

(三) 高压试验情况

故障后对柜内设备开展高压试验,内置带电显示器的绝缘子绝缘电阻、工频耐压均无异常;后间隔内四只电压互感器直流电阻、变比、绝缘、三倍频感应耐压均无异常,无损坏迹象,具备投运条件。仅剩的一只避雷器试验数据见表 5-8。

表 5-8 避雷器试验数据

试验日期:2021 年×月×日			
铭牌	铭牌已烧黑,无法辨识		
变电站	U_{1mA}/kV	$0.75U_{1mA}$泄漏电流/μA	工频 17kV 下泄漏电流/mA
某 66kV 变电站	29.1	118	0.47

由数据可知,$0.75U_{1mA}$ 泄漏电流明显不合格(超出规程 50μA 的规定,说明阀片已劣化)。

四、原因分析

电压互感器高压试验合格,排除互感器故障,结合避雷器试验数据确定

10kV 电压互感器柜内的避雷器质量存在问题,在长期的运行电压下发生劣化最终导致 A 相避雷器烧损,手车柜内产生大量烟尘。当烟尘聚集到手车内的熔断器导电部位时,熔断器导电部位在烟尘的作用下发生相间短路甚至三相短路,产生较大的短路电流(根据后台报文数据计算故障电流为 2523A)将手车刀闸的触头烧损最终造成此次设备跳闸事故。

五、暴露问题

(1) 10kV 避雷器质量参差不齐,入网厂家生产水平与供货质量良莠不一,造成 10kV 避雷器故障频发。10kV 避雷器的质量问题往往需要长期运行后,设备状态逐渐劣化,方能暴露,所以仅通过交接试验不易发现问题。

(2) 本次避雷器烧损产生的烟尘造成短路,手车内无任何三相导体并无绝缘包裹或相间未采取绝缘隔离措施。

六、整改措施

(1) 建议严把 10kV 避雷器入网质量关,同一厂家同一批次应抽取样品送至电科院实验室内开展全面检测及解体检查,同时加强 10kV 避雷器交接试验质量,并对 PT 手车内安装的 10kV 避雷器开展专项诊断性试验(开展直流 U_{1mA}、$0.75U_{1mA}$ 下的泄漏电流测试及工频耐压试验)。

(2) 建议在电压互感器隔离手车内的三相间加装绝缘挡板,这样可以有效避免手车内单相接地故障恶化发展成相间短路事故,减少设备跳闸事件的发生。

第六章 断路器试验

第一节 断路器基本知识

一、断路器的作用

高压断路器是电力系统最重要的控制和保护设备,它在电网中起两方面的作用:在正常运行时,根据电网的需要接通或断开电路的空载电流和负荷电流,这时起控制作用。当电网发生故障时,高压断路器和保护装置及自动装置相配合,迅速、自动地切断故障电流,将故障部分从电网中断开,保证电网无故障部分的安全运行,以减少停电范围,防止事故扩大,起保护作用。

二、断路器的原理

(一) 多油断路器

多油断路器是断路器发展过程中采用得最早的一种形式,其特点是几乎所有的导电部分都置于铁壳油箱中,用绝缘油作为对地、断口以及相间(指三相共箱式)的绝缘介质。绝缘油除了灭弧以外还作为动、静触头间的绝缘介质。目前国内仅保留少量 10~35kV 等级产品。

(二) 少油断路器

少油断路器用绝缘油作为对地、断口间的绝缘介质。断路器跳闸时,操作机构使导电杆向下运动,在导电杆离开静触头时产生电弧,使绝缘油分解形成封闭的气泡,静触头周围油压增加,迫使静触头内的钢球上升堵住中孔。电弧在封闭的空间燃烧,使灭弧室内的压力迅速提高。当导电杆继续向下运动时,相继打开横吹口及纵吹口,油气混合体强烈地横吹和纵吹,使电弧在很短的时间内迅速熄灭。

(三) 压缩空气断路器

压缩空气断路器采用高压力的空气作为灭弧介质。压缩空气有强烈的吹弧能力,使电弧冷却而熄灭,也可作为动、静触头间的绝缘介质和起分、合闸操作时动力的作用。压缩空气断路器具有动作快、断流容量大的特点,但制造较复杂。

(四) 六氟化硫断路器

六氟化硫断路器采用具有良好灭弧和绝缘性能的六氟化硫气体作为灭弧介

质，具有灭弧能力强、介质强度高、介质恢复速度快等特点。

(五) 真空断路器

真空断路器利用稀薄空气的高绝缘强度来熄灭电弧。在稀薄的空气中，中性原子很少，较难产生电弧且不能稳定燃烧。真空断路器动作快、体积小、寿命长，适于有频繁操作任务的场所。

第二节　断路器常规试验

以往电力系统中大量使用的是油断路器和空气断路器，近年来，在高压领域，SF_6 气体绝缘断路器（简称 SF_6 断路器）已逐步取代油断路器成为主流，本章只介绍 SF_6 及真空断路器试验的原理、方法。

(1) SF_6 断路器的例行试验基本项目：

1）导电回路直流电阻测量；
2）断路器动作特性测试（分、合闸电磁铁动作电压试验）；
3）断路器 SF_6 气体微水、组分试验；
4）断路器时间参量试验；
5）并联电容器电容量及 $\tan\delta$ 试验；
6）辅助回路和控制回路绝缘电阻试验。

(2) 真空断路器的例行试验基本项目：

1）绝缘电阻；
2）交流耐压试验（断路器主回路对地、相间及断口）；
3）辅助回路和控制回路交流耐压试验；
4）导电回路电阻；
5）操动机构合闸接触器和分、合闸电磁铁的动作电压；
6）真空灭弧室真空度的测量。

一、绝缘电阻试验

(一) 试验目的

绝缘电阻的试验是电气设备绝缘测试中应用最广泛，试验最方便的项目。绝缘电阻值的大小，能有效地反映真空断路器断口、提升杆和整体的绝缘状况。绝缘电阻试验最常用的仪表是绝缘电阻测试仪。

(二) 试验准备

(1) 了解被试设备的情况及现场试验条件。查阅断路器相关出厂技术资料，包括历年试验数据及相关规程等，掌握设备运行状况及缺陷情况，必要时应派人到现场进行实地勘查。

(2) 测试仪器、设备的准备。选择合适的断路器特性测试仪、直流电源、万用表、高空接线钳、电源盘、测试线箱、工具箱、温湿度计、放电棒、接地线、安全围栏、标示牌、安全相关布防设施等,对于电压等级较高的断路器还需高空作业车。查阅准备好的仪器、设备及绝缘工具的鉴定证书在校验有效期内。

(3) 办理工作票并做好试验现场安全交底和技术措施。现场召开班前会,向全体试验人员交代工作内容、带电部位、现场安全措施、现场作业危险点等,明确人员分工及试验程序,在工作票及作业指导书上签字确认。

(三) 试验步骤及方法

真空断路器绝缘电阻试验包括断路器整体绝缘电阻测量及断口间绝缘电阻测量。

1. 真空断路器整体绝缘电阻测量

接线如图6-1所示,真空断路器处于合闸状态,真空断路器导电回路导体部分接绝缘电阻表高压端,绝缘电阻表E端接地,对断路器施加2500V试验电压,即可测量整体绝缘电阻。

2. 真空断路器断口间绝缘测量

接线如图6-2所示,真空断路器处于分闸状态,将绝缘电阻表L端引线和E端引线分别接至真空断路器断口间,对断口施加2500V试验电压,即可测量断口间绝缘电阻。

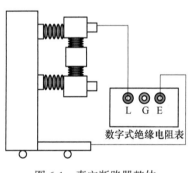

图6-1 真空断路器整体绝缘电阻测量接线图

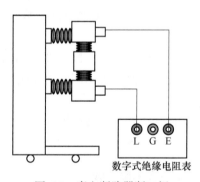

图6-2 真空断路器断口间绝缘电阻测量接线图

(四) 操作过程

图4-4为试验用绝缘电阻测试仪实物图。试验过程中要进行呼唱和加强监护。操作员打开电源兆欧表自检。自检后,打开电源,按"电压选择"键,选择电压2500V,请求加压;工作负责人允许加压;操作员按压"启动(停止)"键;操作员的手应放在"启动(停止)"键附近,随时警戒异常情况的发生。测量数据稳定后,操作员按压"启动(停止)"键,读取绝缘电阻值,记录员

复诵并记录。操作员关闭电源("关")。

(五) 数据分析及判断

1.《电气装置安装工程电气设备交接试验标准》(GB 50150—2016)

测量整体绝缘电阻值,应符合产品技术文件规定。

2.《输变电设备状态检修试验规程》(Q/GDW 1168—2013)

采用2500V兆欧表测量,分别在分、合闸状态下进行。要求绝缘电阻大于3000MΩ,且没有显著下降。测量时,注意外绝缘表面泄漏的影响。

绝缘电阻试验标准见表6-1。

表 6-1 绝缘电阻试验标准

例行试验项目	基准周期	要 求
绝缘电阻测量	(1) ≥110(66)kV时:3年; (2) ≤35kV时:4年	≥3000MΩ

3. 国家电网公司变电检测管理规定

绝缘电阻试验标准见表6-2。

表 6-2 绝缘电阻试验标准

设备	项 目	标 准
多油少油断路器	绝缘电阻测量	整体绝缘电阻不低于3000MΩ
真空断路器	绝缘电阻测量	整体绝缘电阻不低于3000MΩ
组合电器(GIS)	主回路绝缘电阻(耐压试验前、后)	无明显下降或符合设备技术文件要求(注意值)

(六) 注意事项

(1) 防止损伤设备。使用高空接线钳接线时,必须两人操作,防止损伤断路器表面瓷套;对于750kV断路器需要使用曲臂车作业时,应由有资格的专人操作,防止操作不当损伤断路器瓷套;大风天气严禁操作。

(2) 防止高处落物伤人。作业车曲臂旋转区域内应用围栏封闭,防止高空作业人员不慎落物砸伤地面人员;使用高空接线钳时将测试线系牢,防止线夹坠落。

(3) 防止人员触电。试验接线时应保持与带电部位有足够的安全距离,测试人员不得触碰试验引线裸露部分,防止感应电伤人;试验仪器的金属外壳应可靠接地,试验结束后应先将仪器关闭,然后断开电源。

(4) 防止感应电伤人。在断路器上进行试验接线前,有条件时尽可能保证断路器两侧接地,如无条件时,应先接仪器端再接断路器侧,一次接线应无裸露部分,必要时应用绝缘胶布包扎。

二、回路电阻试验

(一) 试验目的

导电回路电阻主要取决于断路器动静触头间的接触电阻,其大小直接影响通过正常工作电流时是否产生不能允许的发热,在通过短路电流时的切断能力,因此检查断路器导电回路电阻的目的主要是检查触头及外部连接接触是否良好,通常采用电压降法进行。

(二) 试验准备

(1) 了解被试设备的情况及现场试验条件查阅断路器相关出厂技术资料,包括历年试验数据及相关规程等,掌握设备运行状况及缺陷情况,必要时应派人到现场进行实地勘查。

(2) 测试仪器、设备的准备。选择合适的回路电阻测试仪、高空接线钳、电源盘、测试线箱、工具箱、温湿度计、放电棒、接地线、安全围栏、标示牌、安全相关布防设施等,对于电压等级较高的断路器还需高空作业车。准备好的仪器、设备及绝缘工具的鉴定证书在校验有效期内。

(3) 办理工作票并做好试验现场安全交底和技术措施。现场召开班前会,向全体试验人员交代工作内容、带电部位、现场安全措施、现场作业危险点等,明确人员分工及试验程序,在工作票及作业指导书上签字确认。

(三) 试验步骤及方法

(1) 测试示意接线图。断路器导电回路电阻试验接线如图 6-3 所示。

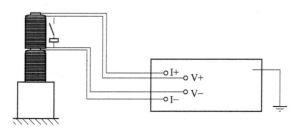

图 6-3 断路器导电回路电阻试验接线图

(2) 试验步骤。

1) 首先将断路器进行数次分合闸操作(用于消除触头表面氧化层,同时可以确定控制回路完好),断路器在合位通知运行人员断开控制回路电源,并告知相关专业人员不得对断路器进行分合闸操作。

2) 仪器接线,如图 6-3 将专用测试线按照颜色依次连接好,粗的电流线接到对应的"I+""I-"接线柱扭紧,细的电压线插入到"V+""V-"的插座内。

3) 必要时清除断路器接线端子接触表面的油漆及金属氧化,用高空接线钳夹好断路器断口的两端，粗的电流线接在外侧，细的电压线接在内侧，测试接线应接触紧密良好。

4) 通知运行人员拉开断路器、电流互感器侧接地开关。

5) 检查接线无误后，接通仪器电源，调整测试电流应不小于100A，按下测试按钮，待电流稳定后读出被测回路电阻值，然后进行复位，放完电后进行换线，并做好记录。

6) 现场测试数值与初始值进行比较，回路电阻不大于制造厂规定值的120%。

7) 测试完毕后，关闭试验仪器，断掉试验电源，通知运行人员合上已拉开的接地开关，拆除试验测试线，将断路器分闸恢复到原始状态。

（四）操作过程

用于测量断路器的回路电阻如图6-4所示。

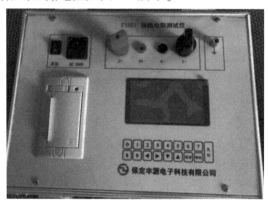

图6-4 回路电阻测试仪

试验过程中要进行呼唱和加强监护。操作员打开"开关"。按"方式"键设置参数，测试电流100A，试验时间10s，请求加压，工作负责人允许加压；操作员按压"测试"键开始测试；操作员的手应放在"开关"键附近，随时警戒异常情况的发生。测量数据出现后，操作员读取回路电阻值，记录员复诵并记录。关闭开关。

（五）数据分析及判断

1. 《电气装置安装工程电气设备交接试验标准》（GB 50150—2016）

测量每相导电回路的电阻值，应符合下列规定：

（1）测量应采用电流不小于100A的直流压降法；

（2）测试结果应符合产品技术条件的规定。

2. 《输变电设备状态检修试验规程》（Q/GDW 1168—2013）

回路电阻试验标准见表6-3。

表 6-3　回路电阻试验标准

例行试验项目	基准周期	要求
主回路电阻测量	（1）≥110（66）kV 时：3 年； （2）≤35kV 时：4 年	不大于制造商规定值（注意值）

在合闸状态下，测量进、出线之间的主回路电阻。测量电流可取 100A 到额定电流之间的任一值。当红外热像显示断口温度异常、相间温差异常，或自上次试验之后又有 100 次以上分、合闸操作，也应进行本项目。

3. 国家电网公司变电检测管理规定

（1）对于 SF_6 断路器、油断路器、GIS、隔离开关设备其主回路电阻应不大于制造商规定值，真空断路器主回路电阻的初值差应小于 30%，高压开关柜内断路器导电回路电阻初值差不大于 20%，交接验收与出厂值进行对比，不得超过 120% 出厂值。

（2）将测试结果与规程要求进行比较，当测试结果出现异常时，应与同类设备、同设备的不同相间进行比较，得出诊断结论。

（3）如发现测试结果超标，可将被试设备进行分、合操作若干次，重新测量，若仍偏大，可分段查找以确定接触不良的部位，进行处理。

（4）经验表明，仅凭主回路电阻增大不能认为是触头或联结不好的可靠证据。此时，应该使用更大的电流（尽可能接近额定电流）重复进行检测。

（5）当明确回路电阻较大的部位后，应对接触部位解体进行检查，对于隔离开关以及母线、设备线夹等接触面，应严格按照母线加工工艺进行清洁、打磨处理；对于断路器灭弧室内部回路电阻超标的，应按照厂家工艺解体检查，必要时更换动静触头；对于组合电器设备内部回路；电阻超标的，应由厂家专业人员进行解体处理。

（六）注意事项

（1）接线钳的全部连接面应与试品可靠接触，避免引线和接触方式的影响。

（2）测试仪器选择电流为 100A 到额定电流之间任一值，仪器必须可靠接地。

（3）测试中如发现断路器回路电阻增大或超标，可将断路器进行数次电动合闸后再进行，如电阻值变化不大，可分段查找以确定接触不良的部位，并进行相应处理。

（4）断路器在测量回路中若有内置电流互感器串入，此时应断开控制回路电源或将电流互感器二次短路，防止保护误动造成断路器突然分闸。

（5）若测试数据异常，在排除外部情况下，应考虑触头表面氧化、触头间残存碳化物，以及触头接触压力减小等原因造成的影响。

三、SF_6 断路器低电压动作特性试验

（一）试验目的

为了防止断路器在运行中发生误动或拒动，例行试验规程规定，断路器应进行操动机构电磁铁分合闸低电压动作特性试验。

为了保证断路器的合闸速度，规定了断路器的合闸电磁铁最低动作电压。分闸电磁铁的动作电压不能过低，也不得过高。如果过低，在直流系统绝缘不良两点高阻接地的情况下，在分闸线圈或接触器线圈两端可能引入一个数值不大的直流电压，当线圈动作电压过低时，会引起断路器误分闸和误合闸；如果过高，则会因系统故障时，直流母线电压降低而拒绝跳闸。此外，通过断路器分、合闸低电压动作特性试验，还可以发现电磁铁心杆卡涩等缺陷，因此应开展断路器分、合闸低电压动作特性试验。

（二）试验准备

（1）测试前应该注意现场天气情况，试验应该在天气良好的条件下进行，雨、雪、大风、雷雨天气时严禁进行测试。

（2）测试要确保人员配备合理、充足，建议3人进行试验工作，其中2人为接线和操作人，1人为监护人。

（3）选用性能满足要求的高压断路器特性测试仪进行测试。

（4）对专用试验线进行检查，确保专用试验线无开断和短路现象，线路完好。

（5）合理布置试验现场。

（6）查阅历年的试验报告。

（7）抄录被试设备铭牌，记录现场环境温度、湿度。

（三）试验步骤及操作过程

1. 试验接线原理图

试验接线原理图如图6-5所示。

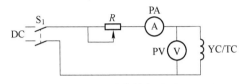

图6-5　低电压动作特性试验原理图

2. 试验步骤及注意事项

（1）检查断路器应在分闸位置，如断路器在合闸位置，则应将断路器分闸。将断路器就地汇控柜"远方/就地"控制把手设在"就地"位置，并且停止在断

路器就地汇控柜上的工作。

（2）检查断路器辅助、控制回路电源，应已被断开。

（3）查阅图纸，确定每个分、合闸线圈回路两侧的试验端子号。

（4）测量每个端子的对地交直流电压，确认控制、辅助回路电源确被断开。

（5）使用万用表测量被试回路是否正常，以确认试验回路是否正确。断路器在分闸状态时测量合闸回路电阻，在合闸状态时测量分闸回路电阻。

（6）当断路器在分闸位置时，将断路器直流试验电源的正、负端分别连至断路器合闸控制回路相关端子；调整试验电源的电压至断路器控制回路额定电压的 80% 和 110%，然后按下试验电源的输出按钮使相连的合闸线圈带电，如断路器能合闸，则该合闸线圈的动作电压符合规程规定，反之则认为该合闸线圈的动作电压偏高。

（7）当断路器在合闸位置时，将断路器直流试验电源的正、负端分别与断路器分闸控制回路相关端子连接。调整试验电源的电压至断路器控制回路额定电压的 30%，然后按下试验电源的输出按钮，使相连的分闸线圈带电，重复按 3 次，断路器不应分闸。随后调整试验电源的电压为断路器控制回路额定电压的 65% 及 120%（分别进行），然后按下试验电源的输出按钮，使分闸线圈带电，此时断路器应能分闸。

（8）依次完成所有分、合闸线圈的试验，试验结束后将断路器恢复至试验前状态。

(四) 数据分析及判断

（1）并联合闸脱扣器应能在其交流额定电压的 85%～110% 范围或直流额定电压的 80%～110% 可靠动作；并联分闸脱扣器应能在其额定电源电压的 65%～120% 可靠动作，当电源电压低至额定值的 30% 或更低时不应脱扣。

（2）操动机构分、合闸电磁铁或合闸接触器端子上的最低动作电压应在操作电压额定值的 30%～65%。

（3）在使用电磁机构时，合闸电磁铁线圈通流时的端电压为操作电压额定值的 80%（关合电流峰值等于及大于 50kA 时为 85%）时应可靠动作。

（4）很多断路器机械方面的因素会导致分、合闸低电压动作试验不合格，比如：开关分合闸线圈损坏；开关分合闸电磁装置出现异常，电磁铁吸力不足；开关拉杆卡涩等。

(五) 注意事项

（1）测试电压只能是脉冲电压，严禁在线圈上施加稳定的电源，以免烧坏线圈。

（2）严禁将电源电压不经过辅助触点而加在线圈上。

（3）部分断路器的分闸回路上串联有分压电阻，在该类断路器上进行试验时，电源电压应经过分压电阻。

四、SF_6断路器断口并联电容器电容量及介质损耗试验

(一) 试验目的

断路器断口并联电容器（又称均压电容器），并联于断路器的断口上，使各断口间的电压均匀，起到改善断路器断口间电压分布的作用。断口并联电容器可靠性对整个电力系统的安全运行具有非常重要的意义。为了保证断路器的安全运行，需要对断路器均压电容器进行电容量及 $\tan\delta$ 测试。介质损耗因数 $\tan\delta$ 测试是断路器均压电容器例行试验中的重要部分。介质损耗因数 $\tan\delta$ 是反映绝缘性能的基本指标之一，是反映绝缘损耗的特征参数，它可以很灵敏地发现电气设备绝缘整体受潮、劣化变质以及小体积设备贯通和未贯通的局部缺陷。

(二) 试验准备

(1) 测试前应该注意现场天气情况，试验应该在天气良好的条件下进行，雨、雪、大风、雷雨天气时严禁进行测试。

(2) 测试要确保人员配备合理、充足，建议 3 人进行试验工作，其中 2 人为接线和操作人，1 人为监护人。

(3) 选用性能满足要求的介质损耗测试仪进行测试。

(4) 对专用试验线进行检查，确保专用试验线完好，无开断和短路现象。

(5) 合理布置试验现场。试验人员和试验引线与带电部位应保持足够的安全距离，避免试验引线对周围设备放电。

(6) 查阅历年的试验报告。

(7) 抄录被试设备铭牌，记录现场环境温度、湿度。

(三) 试验步骤及操作过程

1. 试验方法

(1) 正接法。断口并联电容器电容量及 $\tan\delta$ 试验一般采用正接法测量。断路器处于断开位置，加压端接地开关断开，接线图如图 6-6 所示。

(2) 反接法。断口并联电容器电容量及 $\tan\delta$ 试验也可以采用反接法测量，断路器处于断开位置，均压电容器一端接地，另一端接电桥高压线。试验接线图如图 6-7 所示。

(3) 正接法、反接法测试技术。由介质损耗测试的原理可知，当设备采用正接法测量时，杂散电流很小；当采用反接法测量时，设备对地杂散电容被引入测量回路中，受此杂散电容的影响，会对电容量及 $\tan\delta$ 测试结果造成误差，根据现场经验，其电容值会增加 5% 左右。由于断路器两侧的接地一般均能断开，因此推荐采用正接法测试断口均压电容器电容量及 $\tan\delta$。

(4) 现场测量的干扰影响和消除方法。均压电容器一般用于 220kV 及以上电

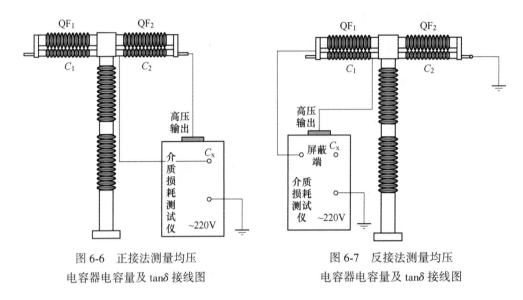

图 6-6 正接法测量均压电容器电容量及 tanδ 接线图　　图 6-7 反接法测量均压电容器电容量及 tanδ 接线图

压等级双断口（及以上）断路器。由于现场电压等级较高，现场干扰也较大。被试设备周围不同相位的带电体与被试设备不同部位间存在电容耦合，这些不同部位的耦合电容电流（干扰电流）沿被试品和电桥测量电路流过，形成电场干扰，对现场 tanδ 的测量造成误差。它的大小与两者间的距离、形状有关，且随着距离的减小和外界电压的提高，外电源通过电容耦合产生的干扰影响更为显著。

2. 试验步骤

（1）记录试验时现场温度、湿度及被试设备铭牌上的设备型号、出厂编号、生产日期、生产厂家等数据。

（2）检查断路器应在分闸位置，如断路器在合闸位置则应将断路器分闸。

（3）将断路器就地汇控箱中的"远方/就地"控制把手设在"就地"位置。

（4）拉开断路器两侧接地开关。

（5）试验接线原理图如图 6-6 所示（正接法），将介质损耗测试仪的 C_x 端通过试验线接到断路器断口的动触头侧，将 HV 端通过试验线接到断路器断口的静触头侧。

（6）试验结束后，清理现场，将断路器恢复到试验前状态。

（四）数据分析及判断

规程规定，10kV 试验电压下的均压电容器 tanδ 值不大于下列数值：油纸绝缘为 0.5%，膜纸复合绝缘为 0.2%。电容值偏差在额定值的 +5% 范围内。

在进行常规 10kV 试验电压下均压电容器的介质损耗试验时，若出现介质损耗值超标现象，可考虑提高试验电压（升高至电容器额定电压）进行测试。根据 10kV 及高电压介质损耗试验值，同时结合其他试验结果对设备绝缘状况做综合分析判断。

例如，在2010年例行试验中，某500kV断路器A相断口Ⅱ并联电容器10kV下的tanδ为0.580%，超过规程规定值。随后现场试验人员对该电容器升高电压至额定值进行高电压介质损耗测试，发现设备的tanδ值随试验电压的升高而减小（试验数据见表6-4），由此可以判断设备正常可以继续运行。

表6-4 断口并联电容器高电压介损测试数据

试验电压/kV	tanδ/%	电容值/pF	电源频率/Hz
10	0.566	1013	49
40	0.310	1012	49
60	0.235	1013	49
80	0.213	1014	49
100	0.199	1014	49
120	0.188	1012	49
140	0.188	1013	49

注：升压方式为串联谐振升压。

（五）注意事项

（1）防止高处坠落。人员在拆、接电容器一次引线时，必须系好安全带。对220kV及以上电容器拆接引线时需使用高空作业车。在使用梯子时，必须有人扶持或绑牢。

（2）防止高处落物伤人。高处作业应使用工具袋，上下传递物件应用绳索拴牢传递，严禁抛掷。

（3）防止人员触电。拆、接试验接线前，应将被试品对地充分放电，以防止剩余电荷、感应电压伤人及影响测量结果。为防止感应电伤人，在拆除引线前电容器上应悬挂接地线，接引线时先在电容器上悬挂接地线。试验仪器的外壳应可靠接地。

（4）高压试验造成触电。试验区域设专用围栏，对外悬挂"止步，高压危险！"标示牌。加压时设专人监护并大声呼唱，试验人员应站在绝缘垫上，试验完毕对被试设备充分放电。

（5）运行中的设备停电后应先放电，再将高压引线拆除后测量，否则将引起测量误差。

（6）进行电容器电容量测试时，尽量避免通过熔丝测量。

五、工频交流耐压试验

（一）试验目的

由于生产工艺和现场使用环境方面的原因，有些真空开关在运行过程中，其真空灭弧室会有不同程度的泄漏，有的在正常寿命范围内就可能泄漏到无法正常开断的地步。断口交流耐压试验主要是考核真空断路器的断口绝缘，当真空度丧失时，真空灭弧室就失去了灭弧作用，由于真空断路器的触头为平板电极，开距仅为 11mm 左右，在断路器分闸时会造成爆炸，因此真空断路器断口耐压试验是常规试验中必不可少的试验项目；真空灭弧室真空度的测量目的与交流耐压试验相同，只是采取的方法不同。

断路器的交流耐压试验是鉴定断路器绝缘强度最有效和最直接的试验项目，该项目试验应在其他试验项目通过后进行。

(二) 试验准备

(1) 了解被试设备的情况及现场试验条件。查阅断路器相关出厂技术资料，包括历年试验数据及相关规程等，掌握设备运行状况及缺陷情况，必要时应派人到现场进行实地查勘。

(2) 测试仪器、设备的准备。选择合适的成套交流耐压装置、分压器、电源盘、测试线箱、工具箱、温湿度计、放电棒、接地线、安全围栏、标示牌、安全相关布防设施等。查阅准备好的仪器、设备及绝缘工具的鉴定证书在校验有效期内。

(3) 办理工作票并做好试验现场安全交底和技术措施。现场召开班前会，向全体试验人员交代工作内容、带电部位、现场安全措施、现场作业危险点等，明确人员分工及试验程序，在工作票及作业指导书上签字确认。

(三) 试验步骤及方法

1. 断路器交流耐压示意接线图

调谐、谐振产生的条件：串联回路中的感抗与容抗之和为 0 是理想谐振状态（即 $\omega L = 1/\omega C$），断路器交流耐压试验示意接线如图 6-8 所示。

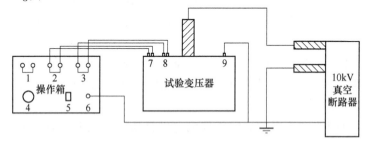

图 6-8 断路器交流耐压试验示意接线图

1—电源；2—测量端子；3—输出端子；4—调压器；5—空气开关；
6, 9—接地；7—试验变压器测量端子；8—试验变压器输入端子

2. 试验步骤

(1) 将被试断路器接地放电，拆除或断开断路器对外的一切连线。

（2）测试断路器断口绝缘电阻应正常。

（3）按接线图进行接线，检查试验接线正确、调压器零位后，不接试品进行升压，试验过电压保护装置是否正常。

（4）断开试验电源，降低电压为零，将高压引线接上试品，接通电源，开始升压进行试验。

（5）升压必须从零（或接近于零）开始，切不可冲击合闸；升压速度在75%试验电压以前，可以是任意的，自75%电压开始均匀升压，约为每秒2%试验电压的速率升压。升压过程中应密切监视高压回路和仪表指示，监听被试品有何异响。

（6）升至试验电压，开始计时并读取试验电压；时间到后，迅速均匀降压到零（或1/3试验电压以下），然后切断电源，放电、挂接地线。

（7）试验中试品未发生闪络、击穿，耐压后不发热，则认为耐压试验通过。

（8）测试绝缘电阻，其值应无明显变化（一般绝缘电阻下降不大于30%）。

（四）操作过程

（1）将调压转盘调至零位，如不在零位，打开电源后零位指示不亮。

（2）打开仪器电源开关，检查控制台上"零位指示"和"电源指示"是否正常。正常之后，按"合闸按钮"；旋转转盘开始加压，待电压表显示电压为30kV时，停止加压。按"计时"键，开始计时，60s后，关闭"计时"；旋转转盘，调压至零；按"分闸按钮"；关闭电源开关；断开380V电源之后，放电，拆线。

（五）数据分析及判断

1. 《电气装置安装工程电气设备交接试验标准》（GB 50150—2016）真空断路器要求如下：

（1）应在断路器合闸及分闸状态下进行交流耐压试验；

（2）当在合闸状态下进行时，真空断路器的交流耐受电压应符合表6-5的规定；

（3）当在分闸状态下进行时，真空灭弧室断口间的试验电压应按产品技术条件的规定，当产品技术文件没有特殊规定时，真空断路器的交流耐受电压应符合表6-5的规定；

表6-5 真空断路器耐压试验标准 （kV）

额定电压	1min工频耐受电压有效值			
	相对值	相间	断路器断口	隔离断口
3.6	25/18	25/18	25/18	27/20
7.2	30/23	30/23	30/23	34/27

续表 6-5

额定电压	1min 工频耐受电压有效值			
	相对值	相间	断路器断口	隔离断口
12	42/30	2/30	2/30	48/36
24	65/50	65/50	65/50	79/64
40.5	95/80	95/80	95/80	118/103
72.5	140	140	140	180
	160	160	160	200

注：斜线后的数值为中性点接地系统使用的数值，亦为湿试时的数值。

（4）试验中不应发生贯穿性放电。

SF_6 断路器要求为：试验程序和方法，应按产品技术条件或现行行业标准《气体绝缘金属封闭开关设备现场耐压及绝缘试验导则》（DL/T 555—2004）的有关规定执行，试验电压值应为出厂试验电压的 80%。

2.《输变电设备状态检修试验规程》（Q/GDW 1168—2013）

无要求。

3. 国家电网公司变电检测管理规定

（1）试验中如无破坏性放电发生，且耐压前后绝缘无明显变化，则认为耐压试验通过。

（2）在升压和耐压过程中，如发现电压表指示变化很大，电流表指示急剧增加，调压器往上升方向调节，电流上升、电压基本不变甚至有下降趋势，被试品冒烟、出气、焦臭、闪络、燃烧或发出击穿响声（或断续放电声），应立即停止升压，降压、停电后查明原因。这些现象如查明是绝缘部分出现的，则认为被试品交流耐压试验不合格。如确定被试品的表面闪络是由于空气湿度或表面脏污等所致，应将被试品清洁干燥处理后，再进行试验。

（3）被试品为有机绝缘材料时，试验后如出现普遍或局部发热，则认为绝缘不良，应立即处理后，再做耐压。

（4）试验中途因故失去电源，在查明原因，恢复电源后，应重新进行全时间的持续耐压试验。

（六）注意事项

（1）进行绝缘试验时，被试品温度应不低于 5℃。户外试验应在良好的天气进行，且空气相对湿度一般不高于 80%。

（2）试验过程中，不得接近高压试验变压器及被测开关，保持一定的距离，以防触电。

（3）旋动调压旋钮时，如果红灯没有灭，说明线没有接好或者调压器回零时不到位。

(4) 所有的被测仪表，被测开关的接地线必须接地。

(5) 真空断路器两端加额定工频耐受电压的 70%，稳定 1min，然后在 1min 内升至额定工频耐受电压，保持 1min 无仪表指针突变及跳闸现象即为合格。

(6) 有时断口耐压试验进行了数十秒钟，中途因故失去电源，使试验中断。在查明原因，恢复电源后，应重新进行全时间的持续耐压试验，不可仅进行"补足时间"的试验。

(7) 在 SF_6 气压为额定值时进行。试验电压按照出厂试验电压的 80%。

(8) 110kV 以下电压等级应进行合闸对地和断口间耐压试验。

(9) 罐式断路器应进行合闸对地和断口间耐压试验。

第三节 典型案例分析

以下对某变电站 220kV 母联间隔回路电阻数据异常进行分析。

一、案例简介

2018 年，变电检修室对某 220kV 变电站 220kV Ⅰ、Ⅱ母联间隔组合电器进行交接试验，该设备为某公司产品，产品型号为 ZF34-252(L)/T4000-50。在进行回路电阻试验过程中，通过测量发现该组合电器 A、B 两相主回路电阻实测值与标准值比较相差较大，不合格，测试的具体数据见表 6-6。

表 6-6 测试具体数据　　　　　　　　　　　　（μΩ）

项目	A	B	C
标准值	503	440	503
实测值	1653	2831	286

二、原因分析

厂家技术人员到达现场对该组合电器解体发现其开关合闸不到位。

三、暴露问题

该厂家在产品生产安装过程中质量把关不严，责任心不强，造成产品质量缺陷。

四、采取措施

厂家人员对该设备重新调整后缺陷消除。

第七章　隔离开关试验

第一节　隔离开关基本知识

一、隔离开关的作用

隔离开关是一种结构比较简单的开关电器，是电网中重要的开关电器之一。它由操作机构驱动本体刀闸进行分、合，分闸后形成明显的电路断开点。一般隔离开关只能在电路断开的情况下进行分合闸操作，或接通及断开符合规定的小电流电路。隔离开关没有专门的灭弧装置，不能用来开断负荷电流和短路电流，隔离开关通常与断路器配合使用。

隔离开关的作用主要用于隔离电源、倒闸操作、用以连通和切断小电流电路，无灭弧功能的开关器件。

（一）隔离电源

隔离开关的主要用途是保证检修时工作的安全。在需要检修的部分和其他带电部分之间，用隔离开关构成足够大的明显可见的空气绝缘间隔。必要时应在隔离开关上附设接地刀闸，供检修时接地用。

（二）倒闸操作

倒闸是指用隔离开关将电气设备或线路从一组母线切换到另一组母线上。停电操作必须按照拉开断路器、负荷侧隔离开关、电源侧隔离开关的顺序依次操作，送电操作顺序与此相反；在操作隔离开关前，必须先检查断路器确在分闸位置，在合断路器送电前，必须检查隔离开关在合闸位置，严防带负荷拉、合隔离开关。

（三）分、合小电流

隔离开关没有灭弧装置，不能开断或闭合负荷电流和短路电流。但具有一定的分、合小电感电流和电容电流的能力。

二、隔离开关的结构

隔离开关由导电部分、绝缘部分、传动机构、支持底座和操动机构组成。

导电部分包括触头、闸刀和接线座，主要起传导电路中的电流、关合和开断电路的作用。操动机构通过手动、电动、气动、液压向隔离开关的动作提供能源。传动机构由拐臂、联杆、轴齿或操作绝缘子组成。接受操动机构的力矩，将运动传动给触头，以完成隔离开关的分、合闸动作。绝缘部分包括支持绝缘子和操作绝缘子，实现带电部分和接地部分的绝缘。支持底座将导电部分、绝缘子、传动机构、操动机构等固定为一体，并使其固定在基础上。

隔离开关的主要功能包括：

(1) 在分闸时，高压隔离开关是明显显示出电路的断开，并保证触头间的开距符合电气距离；

(2) 在合闸时，高压隔离开关能承载正常的工作额定电流及在规定时间内的短路故障电流。

第二节　隔离开关试验操作

进入现场后，高压隔离开关试验，主要分为以下两大类。

(1) 现场交接试验。隔离开关和接地开关安装完好并完成所有的连接后，应进行现场交接试验。交接试验是为了确认隔离开关和接地开关设备在经过运输、储存、现场安装或调整等过程后是否存在损坏、各个单元是否兼容、装配是否正确以及隔离开关和接地开关的正确特性。主要包括如下4个试验：

1) 测量绝缘电阻；
2) 测量主回路和接地开关的回路电阻；
3) 控制和辅助回路的工频耐压试验；
4) 校核动、静触头间的开距。

(2) 运行中的例行试验。隔离开关的例行试验项目有：

1) 有机材料支持绝缘子及提升杆的绝缘电阻试验；
2) 交流耐压试验；
3) 二次回路的绝缘电阻测试；
4) 二次回路交流耐压试验；
5) 操动机构的动作电压试验；
6) 导电回路电阻测量；
7) 操动机构的动作情况；
8) 触头夹紧力测试；
9) 红外检测。

一、对二次回路的绝缘电阻测试

(一) 试验目的

目前，运行中的高压隔离开关一般采用电动操作，应定期检测其分、合闸二次回路绝缘电阻，确保隔离开关能够正常运行。

（二）试验准备

（1）测试前应注意现场天气情况，试验应在天气良好的情况下进行，雨、雪、大风、雷雨天气时严禁进行测试。

（2）测试要确保人员配备合理、充足，建议2人进行试验工作，其中1人为操作人，1人为监护人。

（3）选用性能满足要求绝缘电阻表进行测试。

（4）对专用试验线进行检查，确保专用试验线无开断和短路现象，线路完好。

（5）抄录被试设备铭牌，记录现场环境温度、湿度。

（三）试验步骤及操作过程

（1）检查隔离开关辅助、控制回路电源应已被断开。

（2）查阅隔离开关现场机构箱的控制回路图，确认所有被加压端子。

（3）用万用表测量各个加压端子的对地交、直流电压，确认断路器的辅助、控制回路电源已被拉开。

（4）先将绝缘电阻表E端接地，再将L端接到控制、辅助回路上的被加压端子，测量端子绝缘电阻，读取绝缘电阻值。

（5）记录被加压端子的编号及其对地绝缘电阻值。

（6）更换被试的加压端子并重复第(4)和第(5)步直至所有的加压端子的对地绝缘电阻值都已被测量。测量完毕应对被加压端子进行放电。

（7）试验结束后，将隔离开关恢复到试验前状态。

（四）试验注意事项

（1）所有辅助及控制回路上的每个电气段都应该被试验1次。

（2）控制及辅助回路应包含分、合闸线圈及储能电动机。

（3）在对分、合闸线圈及储能电动机所在的电气段进行试验时，应将分、合闸线圈或储能电动机电源两端短接。

（五）数据分析及判断

1.《电气装置安装工程电气设备交接试验标准》（GB 50150—2016）

整体绝缘电阻值测量，应符合制造厂规定。

测量负荷开关导电回路的电阻值，应符合下列规定：

（1）宜采用电流不小于100A的直流压降法；

（2）测试结果不应超过产品技术条件规定。

2.《输变电设备状态检修试验规程》（Q/GDW 1168—2013）

无要求。

3. 国家电网公司变电检测管理规定

无要求。

（六）试验要点及注意事项

（1）所有辅助及控制回路上的每个电气段都应该被试验1次。

（2）控制及辅助回路应包含分、合闸线圈及储能电动机。

（3）在对分、合闸线圈及储能电动机所在的电气段进行试验时，应将分、合闸线圈或储能电动机电源两端短接。

（4）不要在雷雨天测量。

（5）测量末屏时，观察有无放电现象，即推断末屏有无断线、接地（末屏断线时，绝缘电阻值大，末屏接地时，绝缘电阻值小，两种情况下都不会放电）。

（6）拆解末屏接地线时，要解开末屏"接地端"，不要解开"末屏端"，以免造成小套管螺杆松动渗漏油、内部末屏连接松动或末屏芯线断裂。

（7）表计达到量程上限时，记录时要记录"量程+"，而不是"∞"。

二、对二次回路耐压试验

（一）试验目的

目前，运行中的高压隔离开关一般采用电动操作，应定期检测其分、合闸二次回路绝缘状况，确保隔离开关能够正常运行。

（二）试验准备

（1）测试前应注意现场天气情况，试验应在天气良好的情况下进行，雨、雪、大风、雷雨天气时严禁进行测试。

（2）测试要确保人员配备合理、充足，建议2人进行试验工作，其中1人为操作人，1人为监护人。

（3）选用性能满足要求绝缘电阻表进行测试。

（4）对专用试验线进行检查，确保专用试验线无开断和短路现象，线路完好。

（5）抄录被试设备铭牌，记录现场环境温度、湿度。

（三）试验步骤及操作过程

（1）检查隔离开关辅助、控制回路电源应已被断开。

（2）查阅隔离开关现场机构箱的控制回路图，确认所有被加压端子。

（3）用万用表测量各个加压端子的对地交、直流电压，确认断路器的辅助、控制回路电源已被拉开。

（4）可采用2500V绝缘电阻表代替2000V交流耐压设备进行试验。先将绝缘电阻表E端接地，再将L端接到控制、辅助回路上的被加压端子，加压1min，无击穿。

(5) 记录被加压端子的编号。

(6) 更换被试的加压端子并重复第 (4) 和第 (5) 步直至所有的加压端子均已进行交流耐压试验。测量完毕应对被加压端子进行放电。

(7) 试验结束后,将隔离开关恢复到试验前状态。

(四) 试验数据要求

1.《电气装置安装工程电气设备交接试验标准》(GB 50150—2016)

(1) 三相同-箱体的负荷开关,应按相间及相对地进行耐压试验,还应按产品技术条件规定进行每个断口的交流耐压试验。试验电压应符合表 7-1。

表 7-1 二次回路耐压试验标准 (kV)

额定电压	1min 工频耐受电压有效值			
	相对值	相间	断路器断口	隔离断口
3.6	25/18	25/18	25/18	27/20
7.2	30/23	30/23	30/23	34/27
12	42/30	2/30	2/30	48/36
24	65/50	65/50	65/50	79/64
40.5	95/80	95/80	95/80	118/103
72.5	140	140	140	180
	160	160	160	200

注:斜线后的数值为中性点接地系统使用的数值,亦为湿试时的数值。

(2) 35kV 及以下电压等级的隔离开关应进行交流耐压试验,可在母线安装完毕后一起进行,试验电压应符合该标准附录规定。

2.《输变电设备状态检修试验规程》(Q/GDW 1168—2013)

无要求。

3. 国家电网公司变电检测管理规定

无要求。

(五) 注意事项

(1) 防止高处坠落。人员在拆、接电容器一次引线时,必须系好安全带。在使用梯子时,必须有人扶持或绑牢。

(2) 防止高处落物伤人。高处作业应使用工具袋,上下传递物件应用绳索拴牢传递,严禁抛掷。

(3) 防止人员触电。拆、接试验接线前,应将被试品对地充分放电,以防止剩余电荷、感应电压伤人及影响测量结果。为防止感应电压伤人,在拆除引线前电容器上应悬挂接地线,接引线时先在电容器上悬挂接地线。试验仪器的外壳应可靠接地。

(4) 高压试验造成触电。试验区域设专用围栏，对外悬挂"止步，高压危险!"标示牌。加压时设专人监护并大声呼唱，试验人员应站在绝缘垫上，试验完毕对被试设备充分放电。

(5) 耐压试验前首先检查其他试验项目是否合格，合格后才能进行交流耐压试验。

第八章 避雷器试验

第一节 避雷器基本知识

一、避雷器的作用

避雷器是用于保护电气设备免受高瞬态过电压危害，并限制续流时间（也常限制续流幅值）的一种电器。本术语包含运行安装时对于该电器正常功能所必需的任何外部间隙，而不论其是否作为整体的一个部件。避雷器通常连接在电网导线与地线之间，有时也连接在电器绕组旁或导线之间。避雷器有时也称为过电压保护器或过电压限制器。

二、避雷器的原理

金属氧化物避雷器（MOA）是用来保护电力系统中各种电气设备免受过电压损坏的电气产品。目前电力系统应用最广泛的是氧化锌避雷器，这里只介绍氧化锌避雷器的工作原理。氧化锌电阻片是由氧化锌为基体的非线性电阻片，它具有比碳化硅电阻片好得多的非线性特性。由于氧化锌电阻片具有十分优良的非线性伏安特性（见图8-1），在正常的工作电压下，仅有几百微安的电流通过，因而可设计成无间隙结构，这就使其具有尺寸小、重量轻、保护性能好的特征。当过电压侵入时，流过电阻片的电流迅速增大，同时限制了过电压的幅值，通过接地线释放过电压能量。此后氧化锌电阻片又恢复高阻状态，使电力系统正常工作。

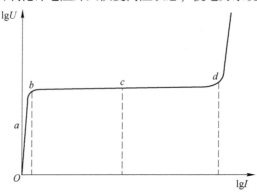

图 8-1　氧化锌电阻片的伏安特性

由图 8-1 可知，氧化锌电阻片的伏安特性可分成三个不同的区域。

(1) 低电场区域。图中的 b 点是拐点，其左边的曲线是线性区域，正常使用的工作状态相当于 a 点以下的低电场，氧化锌颗粒中的自由电子主要以热电子的形式活动，其伏安特性对环境有很大的依赖性。

(2) 中电场区域。相当于图中 c 区段，在此电场强度下，电子所获得的热能足以导通电流。

(3) 高电场区域。氧化锌晶粒的电阻系数在此区段内起支配性地位，电阻元件的非线性变坏，伏安特性曲线上翘，在图中 d 点右边部分，电流与电压成比例。

氧化锌避雷器的工作原理是在工频电压下呈现极大的电阻，因此续流极小。当作用在氧化锌避雷器上电压超过设计电压值时，电流将急骤增大，压降迅速降低，使过电压降低，起到保护设备的作用。氧化锌避雷器的保护性能比阀型避雷器好。氧化锌电阻片的通流容量较大，避雷器可以做得较小。

第二节　避雷器常规试验

氧化锌避雷器具有优良的非线性、无工频续流、通流容量大等优点，在电网中得到了广泛应用。本节主要介绍氧化锌避雷器试验方法和试验数据分析诊断方法。对于避雷器的试验，可以分为现场交接试验和例行试验等。

(1) 交接试验。金属氧化物避雷器的交接试验项目有：
1) 测量金属氧化物避雷器及基座绝缘电阻；
2) 测量金属氧化物避雷器的工频参考电压和持续电流；
3) 测量金属氧化物避雷器直流参考电压和 0.75 倍直流参考电压下的泄漏电流；
4) 检查放电计数器动作情况及监视电流表指示；
5) 工频放电电压试验。

(2) 运行中的例行试验。金属氧化物避雷器的例行试验项目有：
1) 运行电压下的交流泄漏电流带电测试；
2) 红外检测；
3) 检查放电计数器动作情况；
4) 绝缘电阻测试；
5) 底座绝缘电阻测试；
6) 工频参考电流下的工频参考电压测量。

一、避雷器主绝缘电阻及底座绝缘试验

（一）试验目的

（1）避雷器在制造过程中可能存在缺陷而未被检查出来，如在空气潮湿的时候或季节装配出厂，预先带进潮气。

（2）在运输过程中受损，外部瓷套碰伤。测量其绝缘电阻可检查出是否存在内部受潮或瓷套裂纹等缺陷。

（3）对带放电计数器的避雷器应进行底座绝缘电阻测试，其目的是检查底座绝缘是否受潮或瓷套出现裂纹等缺陷，保证放电计数器在避雷器动作时能够正确计数。

（二）试验准备

（1）了解被试设备现场情况及试验条件。查勘现场，查阅相关技术资料，包括该设备历年试验数据及相关规程等，掌握该设备运行及缺陷情况。

（2）测试仪器、设备的准备。选择合适的绝缘电阻表、绝缘杆、测试线、温（湿）度计、屏蔽线、放电棒、接地线、梯子、安全带、安全帽、电工常用工具，试验临时安全遮栏、标示牌等，对于电压等级较高的避雷器还需高空作业车，并查阅测试仪器、设备及绝缘工器具的检定证书有效期。

（3）办理工作票并做好试验现场安全和技术措施。向其余试验人员交代工作内容、带电部位、现场安全措施、现场作业危险点、明确人员分工及试验程序。

（三）试验步骤及方法

绝缘电阻表上的接线端子"L"接高压端，"E"接被试品的接地端，"G"接屏蔽端。如被试品带有放电计数器，应将放电计数字绝缘电阻表数器前端作为接地端，被试品表面泄漏电流较大采用屏蔽接线连接，还需接上屏蔽环。氧化锌避雷器绝缘电阻测试接线如图8-2所示。

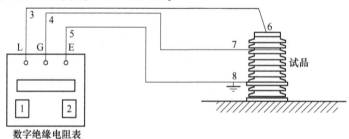

图8-2 氧化锌避雷器绝缘电阻测试接线图
1—绝缘电阻表电源开关；2—绝缘电阻表高压输出测试开关；3—绝缘电阻表高压输出测试线；4—绝缘电阻表屏蔽极；5—绝缘电阻表接地极接地线；6—测试高压输入端；7—避雷器屏蔽线；8—避雷器接地极

(四)操作过程

图 4-4 为试验用绝缘电阻测试仪实物图。试验过程中要进行呼唱和加强监护。

(1) 将避雷器接地放电,放电时应用绝缘棒等工具进行,不得用手碰触放电导线。拆除或断开被试避雷器对外的一切接线。

(2) 用干净清洁柔软的布擦去被试品表面的污垢。

(3) 将绝缘电阻表放置平稳,检查绝缘电阻表是否电量充足,操作员打开电源开关兆欧表自检。自检后,打开电源,按"电压选择"键,选择电压 2500V,请求加压;工作负责人允许加压。

(4) 试验接线经检查无误后,将测试线搭上被试品测试部位,操作员按压"启动(停止)"键;操作员的手应放在"启动(停止)"键附近,随时警戒异常情况的发生读取 60s 绝缘电阻值,测量数据稳定后,操作员按压"启动(停止)"键,读取绝缘电阻值,记录员复诵并记录,操作员关闭电源("关"),并做好记录。

(5) 记录绝缘电阻后。应先断开接至被试品高压端的连接线,再将绝缘电阻表停止运转,以免绝缘电阻表反充电而损坏绝缘电阻表。

(6) 对避雷器测试部位短接放电并接地。

(7) 接有放电计数器的避雷器应测试避雷器的底座绝缘电阻。拆除放电计数器的上端引线,按上述第(4)和第(6)步骤所述的测试方法对避雷器的底座进行绝缘电阻测试。

(五)数据分析及判断

1.《电气装置安装工程电气设备交接试验标准》(GB 50150—2016)

测量金属氧化物避雷器及基座绝缘电阻,应符合下列规定:

(1) 35kV 以上电压等级,应采用 5000V 兆欧表,绝缘电阻不应小于 2500MΩ;

(2) 35kV 及以下电压等级,应采用 2500V 兆欧表,绝缘电阻不应小于 1000MΩ;

(3) 1kV 以下电压等级,应采用 500V 兆欧表,绝缘电阻不应小于 2MΩ;

(4) 基座绝缘电阻不应低于 5MΩ。

2.《输变电设备状态检修试验规程》(Q/GDW 1168—2013)

用 2500V 的兆欧表测量。当运行中持续电流异常减小时,也应进行本项目。避雷器主绝缘电阻及底座绝缘试验标准见表 8-1。

表 8-1 避雷器主绝缘电阻及底座绝缘试验标准

例行试验项目	基准周期	要求
底座绝缘电阻	(1) ≥110(66)kV 时:3 年; (2) ≤35kV 时:4 年	≥100MΩ

3. 国家电网公司变电检测管理规定

避雷器主绝缘电阻及底座绝缘试验标准见表 8-2。

表 8-2 避雷器主绝缘电阻及底座绝缘试验标准

设备	项 目	标准
避雷器	底座绝缘电阻	≥100MΩ

(六) 注意事项

(1) 历年测试尽量选用相同电压、相同型号的绝缘电阻表。

(2) 测量时宜使用高压屏蔽线且屏蔽层接地。被试品上的屏蔽环应接近加压的相线而远离接地部分，减少屏蔽对地的表面泄漏。屏蔽环可用软铜丝或熔丝紧缠几圈而成。若无高压屏蔽线，测试线不要与地线缠绕，应尽量悬空。测试线不能用双股绝缘线和绞线，应用单股线分开单独连线，以免因绞线绝缘不良而引起误差。

(3) 试验人员之间应分工明确，测量时应配合默契，测量过程中要大声读数。

(4) 测量时应在天气良好的情况下进行，且空气相对湿度不高于 80%。若遇天气潮湿、被试品表面脏污。则需要进行"屏蔽"测量。若测试的绝缘电阻值过低或三相不平衡时，查明原因。

二、直流 1mA 电压 U_{1mA} 及 $0.75U_{1mA}$ 下的泄漏电流试验

(一) 试验目的

1. 直流 1mA 电压 (U_{1mA}) 的测试

U_{1mA} 为无间隙氧化锌避雷器通过 1mA 直流电流时，被试品两端的电压值。测量氧化锌避雷器的 U_{1mA}，主要是检查其阀片是否受潮、老化，确定其动作性能是否符合要求。直流 1mA 参考电压值一般等于或大于避雷器额定电压的峰值。

2. $0.75U_{1mA}$ 下的泄漏电流测试

$0.75U_{1mA}$ 下的泄漏电流为试品两端施加电压 $0.75U_{1mA}$ 时，测量流过避雷器的泄漏电流。$0.75U_{1mA}$ 直流电压一般比最大工作相电压（峰值）要高一些，在此电压下主要检测长期允许工作电流是否符合规定。这是因为这一电流与氧化锌避雷器的寿命有直接关系，一般在同一温度下泄漏电流与寿命成反比。

(二) 试验准备

(1) 了解被试设备现场情况及试验条件。查勘现场，查阅相关技术资料，包括该设备历年试验数据及相关规程等，掌握该设备运行及缺陷情况。

(2) 测试仪器、设备的准备。选择合适的直流试验器、绝缘杆、测试线、万用表、温（湿）度计、屏蔽线、放电棒、接地线、梯子、安全带、安全帽、

电工常用工具、试验临时安全遮栏、标示牌等,对于电压等级较高的避雷器还需高空作业车,并查阅测试仪器、设备及绝缘工器具的检定证书有效期。

(3) 办理工作票并做好试验现场安全和技术措施。向其余试验人员交代工作内容、带电部位、现场安全措施、现场作业危险点,明确人员分工及试验程序。

(三) 试验步骤及方法

1. 原理接线图

被试避雷器元件末端接地,试验电压施加在高压端,保持测试线对地足够的安全距离。原理接线如图 8-3 所示。

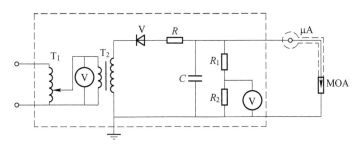

图 8-3 避雷器直流泄漏电流测试原理图

T_1—调压器;T_2—试验变压器;V—高压硅堆;R—限流电阻;C—滤波电容;
R_1、R_2—电阻分压器高、低压臂电阻;MOA—被试避雷器;μA—高压侧微安表

2. 试验接线示意图

避雷器直流泄漏电流测试接线如图 8-4 所示。

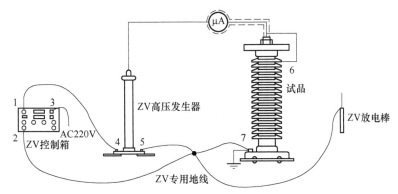

图 8-4 避雷器直流泄漏电流测试接线图

1—操作箱电压输出端;2—操作箱接地极;3—操作箱交流 220V 电源;
4—高压发生器电压输入端;5—高压发生器接地极;
6—避雷器高压测试线及屏蔽线;7—避雷器接地端

3. 测试仪器的选择

(1) 根据不同试品电压的要求,选择不同电压等级的直流高压发生器。AST60kV/2mA 直流高压发生器和 Z-Ⅵ200kV/3mA 直流高压发生器分别如图 8-5 和图 8-6 所示。试验电压应当满足试验的极性和电压值,还必须有足够的电源容量。直流高压发生器的直流输出脉动系数小于±1.5%。

(2) 试验电压应在高压侧测量,一般用电阻分压器进行测量。

(3) 测量用的微安电流表,其准确度不低于 1.0 级。

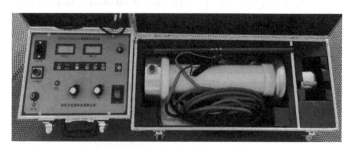

图 8-5　AST60kV/2mA 直流高压发生器

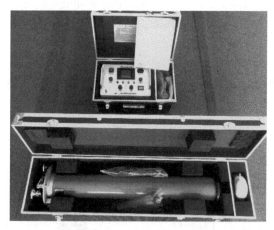

图 8-6　Z-Ⅵ200kV/3mA 直流高压发生器

4. 试验步骤

(1) 将避雷器接地放电时应用绝缘棒等工具进行,不得用手碰触放电导线。拆除或断开被试避雷器对外的一切接线。

(2) 用干净清洁柔软的布擦去被试品表面的污垢。

(3) 被试品一端接高压线,下法兰可靠接地,检查测试接线正确后,拆除被试品放电时的接地线，准备试验。通知其他人员远离被试品并监护。

（4）确认电压输出在零位，进行高声呼唱，接通电源，然后缓慢地升高电压到规定的试验电压值。升压过程中注意观察测试进度，随时警戒异常情况的发生。当电流达到 1mA 时，读取并记录电压值 U_{1mA} 后，降压至零。

（5）计算 $0.75U_{1mA}$ 的值。

（6）测量 $0.75U_{1mA}$ 下的泄漏电流值。重新接通电源，然后缓慢地升高电压，升压过程中注意观察测试进度，随时警戒异常情况的发生，直流电压升至 $0.75U_{1mA}$，读取并记录泄漏电流值后，降压至零。

（7）待电压表指示基本为零时，断开试验电源，用带限流电阻的放电棒对避雷器充分放电，挂接地线。分析试验数据。

（8）拆除试验所接的引线，整理现场。

（四）操作过程

打开直发器电源开关。在"电压粗调"和"电压细调"均在零位时，按"高压通"；旋转"电压粗调"将微安表上电流粗调至 900μA，之后旋转"电压细调"至微安表上电流为 1000μA；记录直发器上的电压值，即为 U_{1mA}。按 $0.75U_{1mA}$ 按钮，读取此时微安表的数值，即为 $0.75U_{1mA}$ 下泄漏电流。调压时，要注意看直发器上的电压和微安表上的电流值，调压不能太快。旋转"电压粗调"快速降压至零位，之后旋转"电压细调"至零位，待直发器上电压显示小于 1kV 时，按"高压断"之后关闭电源开关。

（五）数据分析及判断

1.《电气装置安装工程电气设备交接试验标准》（GB 50150—2016）

测量金属氧化物避雷器直流参考电压和 0.75 倍直流参考电压下的泄漏电流，应符合下列规定。

（1）金属氧化物避雷器对应于直流参考电流下的直流参考电压，整支或分节进行的测试值，不应低于现行国家标准《交流无间隙金属氧化物避雷器》（GB/T 11032—2020）规定值，并应符合产品技术条件的规定。实测值与制造厂实测值比较，其允许偏差应为±5%。

（2）0.75 倍直流参考电压下的泄漏电流值不应大于 50μA，或符合产品技术条件的规定。750kV 电压等级的金属氧化物避雷器应测试 1mA 和 3mA 下的直流参考电压值，测试值应符合产品技术条件的规定；0.75 倍直流参考电压下的泄漏电流值不应大于 65μA，尚应符合产品技术条件的规定。

（3）试验时若整流回路中的波纹系数大于 1.5% 时，应加装滤波电容器，可为 0.01~0.1μF，试验电压应在高压侧测量。

2.《输变电设备状态检修试验规程》（Q/GDW 1168—2013）

避雷器直流参考电压 U_{1mA} 试验标准见表 8-3。

表8-3 避雷器直流参考电压 U_{1mA} 试验标准

例行试验项目	基准周期	要　　求
直流 1mA 电压 (U_{1mA}) 及在 $0.75U_{1mA}$ 下漏电流测量	(1) ≥110（66）kV 时：3年； (2) ≤35kV 时：4年	(1) U_{1mA} 初值差不超过±5%且不低于 GB/T 11032—2020 规定值（注意值）； (2) $0.75U_{1mA}$ 漏电流初值差不大于30%，或不大于 50μA（注意值）

3. 国家电网公司变电检测管理规定

(1) 金属氧化物避雷器或限压器直流参考电压 U_{1mA} 初值差不超过±5%且不低于《交流无间隙金属氧化物避雷器》（GB/T 11032—2020）规定数值（注意值）和出厂技术要求（规定数值见该标准附录B）。

(2) $0.75U_{1mA}$ 泄漏电流初值差不大于30%或不大于50μA（多柱并联和额定电压216kV以上的避雷器泄漏电流由制造厂和用户协商规定）。

(3) 测试数据超标时应考虑被试品表面污秽、环境湿度等因素，必要时可对被试品表面进行清洁或干燥处理，在外绝缘表面靠加压端处或靠近被试避雷器接地的部位装设屏蔽环后重新测量。

（六）注意事项

(1) 防止高处坠落。人员在拆、接避雷器一次引线时，必须系好安全带。在使用梯子时，必须有人扶持或绑牢。对220kV及以上避雷器拆接引线时需使用高空作业车。

(2) 防止高处落物伤人。高处作业应使用工具袋，上下传递物件应用绳索拴牢传递，严禁抛掷。

(3) 防止人员触电。拆、接试验接线前，应将被试品对地充分放电，以防止剩余电荷、感应电压伤人及影响测量结果。试验仪器的外壳应可靠接地。为防止感应电压伤人，在拆除引线前、接引线时先在避雷器上悬挂接地线。

(4) 历年测试尽量选用相同电压、相同型号的测试仪器。

(5) 直流 U_{1mA} 测试前，应先测试绝缘电阻，其值应正常。

(6) 为了防止外绝缘的闪络和易于发现绝缘受潮等缺陷，避雷器直流 U_{1mA} 测试通常采用负极性直流电压。

(7) 因泄漏电流大于200μA以后，随电压的升高，电流将急剧增大，故应放慢升压速度，当电流达到1mA时，准确地读取相应的电压 U_{1mA}。

(8) 由于无间隙金属氧化物避雷器表面的泄漏原因，在试验时应尽可能地将避雷器瓷套表面擦拭干净。如果由于受潮或脏污等原因使 U_{1mA} 电压数据异常，应在靠近避雷器加压端的瓷套表面装一个屏蔽环。测量泄漏电流的导线应使用屏蔽线，屏蔽线要封口，测试线与避雷器的夹角应尽量大。

(9) 注意被试品周围的其他物件对试验结果的影响,其他物件对被试品保持足够的安全距离。

(10) 直流高压的测量应在高压侧进行,测试系统应经过校验,测量误差不应大于2%。

(11) 试验回路的接地应在被试品处选取。

三、避雷器放电计数器测试

(一) 试验目的

由于密封不良,放电计数器在运行中可能进入潮气或水分,使内部元件锈蚀,导致计数器不能正确动作,因此需定期试验以判断计数器是否状态良好、能否正确动作,有助于事故分析。带有泄漏电流的计数器,其电流表用来测量避雷器在运行状态下的泄漏电流,是判断运行状态的重要依据,但现场运行经常会出现电流指示不正常的情况,所以泄漏电流表宜进行检验或比对试验,保证电流指示的准确性。

(二) 试验准备

(1) 了解被试设备现场情况及试验条件。查勘现场,查阅相关技术资料,包括该设备历年试验数据及相关规程等,掌握该设备运行及缺陷情况。

(2) 测试仪器、设备的准备。选择合适的测试线、温(湿)度计、放电棒、接地线、梯子、安全带、安全帽、电工常用工具、试验临时安全遮栏、标示牌等,并查阅测试仪器、设备及绝缘工器具的检定证书有效期。

(3) 办理工作票并做好试验现场安全和技术措施。向其余试验人员交代工作内容、带电部位、现场安全措施、现场作业危险点,明确人员分工及试验程序。

(三) 试验步骤及方法

1. 试验接线

原理接线图 JS 型避雷器动作计数器原理接线如图 8-7 所示,JS-8 型避雷器动作计数器接线原理如图 8-8 所示。

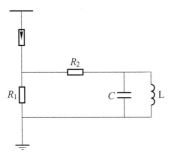 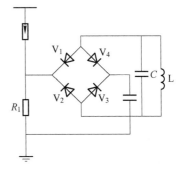

图 8-7 JS 型避雷器动作计数器原理接线图   图 8-8 JS-8 型动作计数器接线原理图
R_1,R_2—非线性电阻;C—电容器; R_1—非线性电阻;C—电容器;
L—计数器线圈   L—计数器线圈;$V_1 \sim V_4$—二极管

2. 示意接线图

放电计数器指示值的测试接线如图 8-9 所示,带泄漏电流表的放电计数器电流回路检测示意接线图如图 8-10 所示。

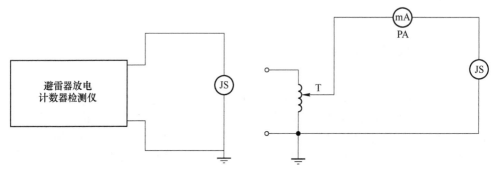

图 8-9　放电计数器指示值的测试接线

图 8-10　带泄漏电流表的放电计数器电流回路检测示意接线图
T—调压器；mA—毫安电流表；JS—计数器

3. 试验步骤

(1) 将放电计数器测试仪的接地端接地,测试线接计数器的上端。

(2) 打开电源开关,达到测试要求后,按测试仪面板上的动作计数器按钮,使冲击电流发生器发出的冲击电流作用于放电计数器,记录动作情况。

(3) 测试 3~5 次,每次时间间隔不少于 30s。

(4) 测试完毕对被试设备充分放电,记录试验数据。

4. 带泄漏电流表的放电计数器电流回路检测试验步骤

(1) 将放电计数器测试仪的接地端接地,测试线接计数器的上端。

(2) 接线完成后打开电源开关,调节调压器缓慢升压,对泄漏电流表施加一适当的工频电极,使回路电流达到适当的值。将串接入试验回路的交流毫安表与计数器的电流表指示进行比较并记录。将调压器输出调节到零位,断开电源开关。

(3) 对被试设备充分放电,记录试验数据。

(4) 拆除试验所接的引线,整理现场。

(四) 操作过程

将仪器输出端与避雷器计数器两端相连(连接线要尽量短),红色端接上端,黑色端接地端。将电源线接好后,检查仪器及接线是否正确,确认无误后即可开始试验。合上电源开关(电源灯亮),待电压升到所需电压,即可开始校验。按下检测键,输出电压立即下降,此时可观察计数器的动作情况。如需多次试验,可待输出电压达到稳定值时,再按检测键,并观察计数器的动作情况。检验完毕后，立即关掉电源，待输出电压完全回零时，才能拆除接线。如按检测键，输出电压没有下降，应关掉电源，待电压指示回零后，检查是否回路有断点，或者是放电计数器不适合技术指标中规定的型号。

（五）数据分析及判断

1.《电气装置安装工程电气设备交接试验标准》（GB 50150—2016）

检查放电计数器的动作应可靠，避雷器监视电流表指示应良好。

2.《输变电设备状态检修试验规程》（Q/GDW 1168—2013）

如果已有基准周期以上未检查，有停电机会时进行本项目。检查完毕应记录当前基数。若装有电流表，应同时校验电流表，校验结果应符合设备技术文件要求。

3. 国家电网公司变电检测管理规定

无要求。

（六）注意事项

（1）防止高处坠落。人员在测试时如使用梯子，必须有人扶持或绑牢。

（2）防止人员触电。防止剩余电荷、感应电压伤人，试验仪器的外壳应可靠接地。

（3）记录放电计数器试验前后的放电指示数值。

（4）检查放电计数器不存在破损或内部积水现象。

（5）带有泄漏电流表的计数器，在试验时应检验泄漏电流表的准确性。

第三节　典型案例分析

以下对某变电站 220kV A 相下节避雷器绝缘劣化缺陷进行分析。

（一）设备基本信息

某 1 号主变电站一次间隔 A 相下节避雷器是某避雷器厂生产的 Y10WZ-200/496 型金属氧化物避雷器，2000 年 9 月生产，出厂编号为 01168。

（二）异常情况

2020 年 9 月 2 日，变电检修工区电气试验二班对某变电站 220kV 1 号主一次避雷器进行例行试验，在进行直流泄漏电流试验时，发现 A 相避雷器下节泄漏电流值同往年试验数据相比明显增大，试验数据为 136μA。根据国家电网公司输变电设备状态检修试验规程规定，0.75 倍直流参考电压下的泄漏电流值不应大于 50μA。其中，异常设备外观和异常设备测试数据分别如图 8-11 和图 8-12 所示。

随即进行绝缘电阻测试，发现其绝缘电阻仅为 741MΩ。根据《电气装置安装工程电气设备交接试验标准》（GB 50150—2016）电气设备交接试验标准：测

图 8-11 异常设备外观

图 8-12 异常设备测试数据

量金属氧化物避雷器及基座绝缘电阻，35kV 以上电压等级应采用 5000V 兆欧表，绝缘电阻不应小于 2500MΩ。

因此，判定避雷器绝缘严重劣化，不能投运。

（三）原因分析

由于该避雷器已经运行 19 年，经过长时间运行，其内部金属氧化物阀片绝缘发生受潮、劣化，导致其泄漏电流增大、绝缘电阻降低。

（四）后续处理情况

检修人员已将 220kV 1 号主一次间隔避雷器进行更换。

第九章　电抗器试验

第一节　电抗器基本知识

一、电抗器的作用

电抗器也称电感器，一个导体通电时就会在其所占据的一定空间范围产生磁场，所以所有能载流的电导体都有一般意义上的感性。

由于通电直导体的电感较小，所产生的磁场不强，实际的电抗器是导线绕成螺线管形式，称为空心电抗器；为了获得更大的电感，便在螺线管中插入铁心，称为铁心电抗器。而铁心式电抗器由于分段铁心饼之间存在着交变磁场的吸引力，因此噪声一般要比同容量变压器高出10dB左右。

电力网中所采用的电抗器，实质上是一个无导磁材料的空心线圈。它可以根据需要布置为垂直、水平和品字形三种装配形式。在电力系统发生短路时，会产生数值很大的短路电流。如果不加以限制，要保持电气设备的动态稳定和热稳定是非常困难的。因此，为了满足某些断路器遮断容量的要求，常在出线断路器处串联电抗器，增大短路阻抗，限制短路电流。由于采用了电抗器，在发生短路时，电抗器上的电压降较大，所以也起到了维持母线电压水平的作用，使母线上的电压波动较小，保证了非故障线路上的用户电气设备运行的稳定性。电抗器是依靠线圈的感抗作用来限制短路电流的数值的。

二、电抗器的分类及结构

电抗器可以按以下几种方式进行分类。

（1）按结构及冷却介质可分为空心式、铁心式、干式、油浸式等，比如干式空心电抗器、干式铁心电抗器、油浸铁心电抗器、油浸空心电抗器、夹持式干式空心电抗器、绕包式干式空心电抗器、水泥电抗器等。

（2）按接法可分为并联电抗器和串联电抗器。

（3）按功能可分为限流和补偿。

（4）按具体用途可分为限流电抗器、滤波电抗器、平波电抗器、功率因数补偿电抗器、串联电抗器、平衡电抗器、接地电抗器、消弧线圈、进线电抗器、出线电抗器、饱和电抗器、自饱和电抗器、可变电抗器（可调电抗器、可控电抗器）、轭流电抗器、串联谐振电抗器、并联谐振电抗器等。

第二节 电抗器常规试验

本节主要介绍油浸式铁心电抗器的例行试验，主要项目有：绕组直流；电阻测量；绕组连同套管的绝缘电阻、吸收比、极化指数等；绕组连同套管的介质损耗测量。在出厂和交接试验中，还应包括绕组连同套管的交流耐压试验、直流泄漏电流测量、噪声测量、箱体振动测量等。

一、电抗器直流电阻试验

（一）试验目的
(1) 检查电抗器绕组是否存在短路、开路或接错线。
(2) 检查电抗器绕组导线的焊接点、引线与套管的连接等处是否良好。
(3) 对比原始数据，看是否超出规程规定。

（二）试验准备
(1) 试验所需仪器为变压器直流电阻测试仪（输出电流不小于 5A）1 台及附件、电源线盘 1 个、接地线若干、万用表 1 个，应在去现场前检查试验设备是否完整和良好。
(2) 搜集历年试验数据。
(3) 试验前应安排人员拆除被试验电抗器尾端（中性点套管）引线，将被试验电抗器绕组短路接地进行充分的放电，以免干扰测试。
(4) 如果现场电磁干扰大，可在电抗器高压侧挂地线或合上电抗器高压侧的接地开关。

（三）试验步骤及方法
电抗器类直流电阻似于变压器直流电阻测试。
(1) 搭接试验电源，两人进行，一人负责搭接，另外一人负责监护。搭接前应用万用表确认搭接端头不带电后，再进行搭接，建议使用带有触电保护器的检修电源箱。
(2) 将试验仪器接地端子接地，接地线端与地网可靠连接。
(3) 连接测试线到测试绕组的两端。
(4) 进行接线，试验接线图如图 9-1 所示。
(5) 启动仪器，选定电流进行测试并记录试验数据。
(6) 因为电抗器属于大型感性试品，每测试完成一次，均应进行充分放电，以免电击伤人。
(7) 读取试验数据时，应待数据稳定后再进行读取，以免造成测试结果不准确。

第二节 电抗器常规试验 ·135·

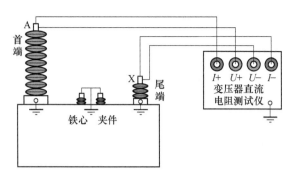

图 9-1 电抗器绕组直流电阻测量

(8) 记录试验时的温度、湿度，试验数据读取后应与上一次试验数据进行比较，其偏差应在规程规定的范围内。不同温度下的数据应换算到统一温度下比较。

(9) 试验结束，进行充分放电后，取下测试线，试验完成。拆除测试线时，应先取下测试线、试验电源线，最后拆除仪器的接地线，避免造成仪器损坏。

(10) 试验前后，被试验电抗器都应充分放电。

(四) 操作过程

(1) 将被试变压器放电，接地。

(2) 选择合适的试验地点放置试验仪器，将变压器直流电阻测试仪（见图 9-2) 可靠接地。

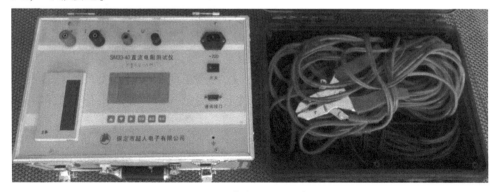

图 9-2 直流电阻测试仪

(3) 先接试验仪器侧接线，再将试验仪器与被试变压器绕组出线端子进行连接。试验接线接触必须良好、可靠，并有防止脱落措施。

变压器直流电阻测试仪的面板上标有 I+、I-、U+、U-接线柱，配有专用测试线。测试线分别为红、黑两种颜色，分别接在 I+、U+和 I-、U-、接线柱上。使用时不必区分接线与极性的关系。与被试变压器相接的是仪器自带的专用线夹，只要与被试变压器套管接线板（导电杆）接触良好即可。

（4）变压器各绕组的电阻应分别在各绕组的接线端上测定。三相变压器绕组为星形连接且无中性点引出时，应测量其线电阻 R_{AB}、R_{BC}、R_{CA}，如本变压器的高压绕组；如有中性点引出时，应测量其相电阻 R_{A0}、R_{B0}、R_{C0}，如本变压器的低压绕组。但对中性点引线电阻所占比例较大的 yn 连接，且低压为 400V 的配电变压器，应测量其线电阻（R_{AB}、R_{BC}、R_{CA}）及中性点对一个线段的电阻，如 R_{A0}。绕组为三角形连接时，首末端均引出的应测量其相电阻；封闭三角形的变压器应测定其线电阻。

（5）检查试验接线均正确无误后，通知所有人员离开被试变压器现场。经试验负责人同意后启动测试电源开关，准备测试变压器直流电阻。操作人员应站在绝缘垫上，在测试变压器的直流电阻过程中做好监护和呼唱工作。

（6）正确选择测试仪器的测试电流挡位，启动按钮开始测试。试验人员应把手放在电源开关附近，随时警戒异常情况发生。本试验高压绕组直流电阻测试充电电流挡位选择 1A，低压绕组直流电阻测试充电电流挡位选择 10A。试验仪器启动后，操作者应集中精力注意观察测试设备的状态。测试过程中严禁不经复位直接切断电源。

（7）待测试的数据稳定后，记录测量的相别和数值。按动变压器直流电阻测试仪的复位按钮，通过测试仪内放电回路对变压器绕组进行放电，释放绕组所储存的能量。放电完毕（蜂鸣器停止鸣响），断开仪器电源。

（8）变更试验接线，测量变压器另一个绕组的直流电阻。经复查无误后，再按上述程序进行测量。

（9）变压器绕组连同套管的直流电阻全部测试完毕，在对绕组进行放电并接地后，首先拆除仪器的供电电源线，其次将接在变压器绕组上的测试线夹拆掉，再拆除连接在变压器直流电阻测试仪上的测试导线，最后拆掉测试仪的接地线。

（10）记录变压器的铭牌数据，观察和记录变压器的上层油温和变压器绕组温度、测试现场的环境温度和湿度、试验性质、试验人员姓名、试验日期、试验地点等内容。

（11）再次检查试验场有无遗留物、是否恢复被测变压器的原始状态等，均正确无误后，向试验负责人汇报测试工作结束和测试结果、结论等。整个试验过程结束。

（五）数据分析及判断

1.《电气装置安装工程电气设备交接试验标准》（GB 50150—2016）

（1）测量应在各分接的所有位置上进行。

（2）实测值与出厂值的变化规律应一致。

（3）三相电抗器绕组直流电阻值相互间差值不应大于三相平均值的2%。

（4）电抗器和消弧线圈的直流电阻，与同温下产品出厂值比较相应变化不应大于2%。

（5）对于立式布置的干式空芯电抗器绕组直流电阻值，可不进行三相间的比较。

2.《输变电设备状态检修试验规程》（Q/GDW 1168—2013）

电抗器直流电阻试验标准见表9-1。

表9-1　电抗器直流电阻试验标准

例行试验项目	基准周期	要　　求
绕组直流电阻	4年	（1）1.6MVA以上变压器，各相绕组电阻相间的差别不应大于三相平均值的2%（警示值），无中性点引出的绕组，线间差别不应大于三相平均值的1%（注意值）； （2）1.6MVA及以下的变压器，相间差别一般不大于三相平均值的4%（警示值），线间差别一般不大于三相平均值的2%（注意值）； （3）同相初值差不超过±2%（警示值）

3. 国家电网公司变电检测管理规定

（1）1.6MVA以上变压器，各相绕组电阻相互间的差别，不大于三相平均值的2%（警示值）；无中性点引出的绕组，线间差别不大于三相平均值的1%（注意值）。

（2）1.6MVA及以下变压器，相间差别一般不大于三相平均值的4%（警示值）；线间差别一般不大于三相平均值的2%（注意值）。

（3）各相绕组电阻与以前相同部位、相同温度下的历次结果相比，无明显差别，其差别不大于2%。

（4）并联电容器组用串联电抗器三相绕组间之差别不应大于三相平均值4%；与上次测试结果相差不大于2%。

（六）注意事项

（1）进行油浸式电抗器试验前，记录电抗器绝缘油温度。

（2）测量端子应接触良好，必要时应打磨测点表面。

（3）当测量线的电流引线和电压引线分开时，应将电流引线夹于被测绕组的外侧，将电压引线夹于被测绕组的内侧，这样才能避开接触电阻的影响。

（4）测量电抗器绕组的直流电阻时，宜选择合适的测量电流，以免测量时间太长。

(5) 由于电抗器电感大，数据的稳定需要一段时间，必须等待数据稳定后才能读数。

(6) 测量结束后，应待测量回路电流衰减到零后方可拆开测量接线，严禁未放电或放电不完全就断开测量回路，以免感应过电压损坏电抗器或测量仪器。

(7) 应注意在测量后对被测绕组充分放电。

(8) 将测量结果换算到同一温度下，与历年试验数据或交接试验数据进行比较。

(9) 当发现测量结果异常时，应首先排除测量过程的原因，如测量部位接触不良、测量接线不正确、分接开关触头氧化、仪器工作不正常、因电感影响读数尚未稳定等，只有将外部因素排除后才能下结论。

二、电抗器绝缘电阻试验

(一) 试验目的

(1) 检查电抗器绝缘是否整体受潮，部件表面是否受潮。

(2) 检查电抗器表面是否脏污以及是否存在贯穿性的集中缺陷。

(二) 试验准备

(1) 绝缘电阻测试前应注意现场天气情况，试验应在天气良好的情况下进行，雨、雪、大风、雷雨天气时严禁进行测试。

(2) 使用的测试仪器为 2500V 或 5000V 绝缘电阻表，绝缘电阻表容量一般要求输出电流不小于 3mA。

(3) 试验前必须对绝缘电阻表及试验线进行检查，确保试验线无开断和短路现象。绝缘电阻表建立电压后分别短接 L、E 端子和分开 L、E 端子，绝缘电阻表应分别显示零或无穷大。

(4) 查阅历年的试验报告。

(5) 准备绝缘手套和绝缘鞋，试验人员接试验线时必须戴绝缘手套，穿绝缘鞋。

(6) 抄录被试设备铭牌，记录现场环境温度、湿度，测试油浸式电抗器绝缘电阻时，测量温度以顶层油温为准。

(7) 电抗器接线方式为星形（中性点经小电抗器接地）接线，在试验前应安排人员拆除被试验电抗器中性点绕组套管连接线，将被试验电抗器高压绕组短路接地进行充分放电，避免剩余电荷干扰测试。

(三) 试验步骤及方法

电抗器绝缘类似变压器绝缘测试方法。

1. 常规的测试方法

试验接线图如图 9-3～图 9-5 所示。

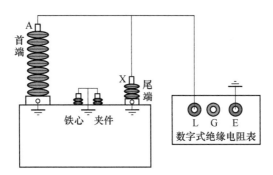

图 9-3 常规的试验接线测量电抗器绕组连同套管的绝缘电阻

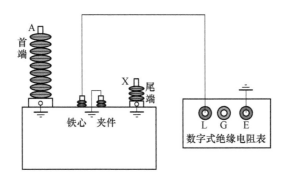

图 9-4 测量电抗器铁心的绝缘电阻

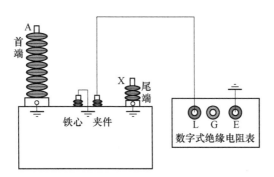

图 9-5 测量电抗器夹件绝缘电阻

（1）将被试电抗器绕组进行短接，将数字式绝缘电阻表的 E 端与地连接，L 端（高压线）与短接后的电抗器绕组连接，测试电压选定 2500V，分别测试 15s、1min 和 10min 的绝缘电阻值，分别记录数值。

（2）读取数据时，数据不得大范围跳动。

（3）试验前和试验后，被试验电抗器的放电应充分。

2. 非常规的测试油浸式并联电抗器绝缘电阻的方法

若按常规不拆高压套管引线测试油浸式并联电抗器绝缘电阻，势必会将高压引线及所连接设备对地的绝缘电阻也测进去，使测量结果偏小，不能真实地反映电抗器绕组内部的绝缘状况。为了避开外部绝缘对电抗器绕组的影响，应采用非常规的测量方法，即测量高压、中性点绕组对铁心和夹件的绝缘电阻，接线方式如图 9-6 所示。

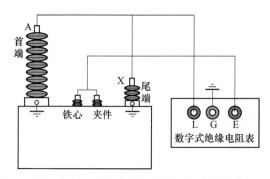

图 9-6　测试高压、中性点绕组对铁心和夹件的绝缘电阻

（1）拆开中性点绕组连接线，打开铁心和夹件的接地线。

（2）不同的绝缘电阻表其屏蔽端子 G 对接地端子 E 的电压不一样，为了避免铁心和夹件承受高电压，在不拆开高压套管引线试验时绝缘电阻表电压不宜超过 2500V。

（3）测量高压绕组、中性点绕组对铁心和夹件的绝缘电阻，将数字式绝缘电阻表的 L 端（高压线）与高压绕组、中性点绕组连接，E 端与铁心及夹件连接，G 端接地，测试电压选定 2500V，测试 15s、1min 和 10min 的绝缘电阻值，分别记录数值。

（四）操作过程

（1）先用放电棒分别对被试变压器各侧绕组接线端子放电并接地。

（2）将绝缘电阻表放置在合适位置，并水平放稳，对绝缘电阻表进行接地短路、空载试验，确定绝缘电阻表合格。

选择合适位置放置数字高压绝缘电阻表，将绝缘电阻表的接地端 E 接变压器外壳接地点，绝缘电阻表高压端 L 和屏蔽 G 分别接在表的相应位置，按压"电源开关"，打开绝缘电阻表电源，按压"电压选择"键，选择合适电压，将高压端 L 与接地端 E 短接，按压"启动（停止）"键，此时绝缘电阻表为"零"；断开高压端 L 与接地端 E，绝缘电阻表电阻超过 200GΩ，说明绝缘电阻表正常，按"启动（停止）"键，并关闭绝缘电阻表。

(3) 进行接线。

(4) 接线完毕，请负责人复查接线，在取得负责人同意后，取下放电棒，准备测量绝缘电阻。

(5) 操作员应站在绝缘垫上进行测试，测试前进行必要的呼唱，绝缘电阻表启动后，试验人员，应注意认真观察表计，并将手放置在绝缘电阻表电源附近，随时警戒异常情况发生。按压绝缘电阻表"电源开关"键，打开绝缘电阻表电源，按压"电压选择"键，选择合适电压，按压"启动（停止）"键，开始测量绝缘电阻。

(6) 在试验过程中，试验人员仔细观察绝缘电阻表的指针指示或数值变化情况，到 15s 和 60s 时，读出绝缘电阻表的测量数值。需要测量极化指数时，还应读出 10min 时的绝缘电阻值。数字高压绝缘电阻表，在测量过程中，可以直接看到仪表所显示的不同时间的测量数据。当测量满 1min 时，仪器会自动显示吸收比的结果，满 10min 时，显示极化指数的结果。

(7) 试验结束后，由于绝缘电阻表带自放电功能，可直接按压"启动（停止）"键，关闭高压输出。按压"电源开关"键关闭绝缘电阻表电源。用放电棒对低压绕组放电并接地后，取下高压端 L。

(8) 按上述操作步骤用同样的方法测量变压器其他绕组的绝缘电阻、吸收比或极化指数。

(9) 记录变压器的上层油温，环境温度、湿度、气象条件，试验日期，试验人员姓名及使用仪表型号、编号等。

(10) 全部工作结束后，试验人员应拆除自装的接地短路线，并对被试变压器进行检查，恢复试验前状态。经试验负责人复查后，进行清扫，整理现场，向工作负责人交代试验项目、发现问题、试验结果等，工作方告结束。

（五）数据分析及判断

1. 《电气装置安装工程电气设备交接试验标准》（GB 50150—2016）

绝缘电阻值不应低于产品出厂试验值的 70% 或不低于 10000MΩ（20℃）。

2. 输变电设备状态检修试验规程（Q/GDW1168—2013）

电抗器绝缘电阻试验标准见表 9-2。

表 9-2 电抗器绝缘电阻试验标准

例行试验项目	基准周期	要求
绕组绝缘电阻	4 年	(1) 绝缘电阻无显著下降； (2) 吸收比不小于 1.3，或极化指数不小于 1.5 或绝缘电阻不小于 10000MΩ（注意值）

3. 国家电网公司变电检测管理规定

电抗器绝缘电阻试验标准见表 9-3。

表 9-3 电抗器绝缘电阻试验标准

设 备	项 目	标 准
消弧线圈、干式电抗器、干式变压器	绕组绝缘电阻	绝缘电阻无显著下降吸收比不小于 1.3 或极化指数不小于 1.5，或绝缘电阻不小于 10000MΩ（注意值）

（六）注意事项

1. 不拆线测试绝缘电阻的试验要点

（1）对本体绝缘电阻的不拆线测试，均不能反映出绕组对外壳间的绝缘状况，这是不拆线试验的主要缺陷。从电抗器的内部结构来看，上述缺试部位主要为绝缘油，因此这部分缺陷可通过测试油质分析来弥补。故试验时要求油化验专业及时提供测试数据，以利于综合分析判断。另外，在实际试验过程中，也可采用常规测试绝缘电阻的方法。虽然所测绝缘电阻包含高压电抗器所连外部设备（例如避雷器）的绝缘电阻，使测量值偏小，但如果所连外部设备绝缘电阻较稳定，通过历次比较，可以反映出绕组对外壳有无绝缘极度降低的状况。

（2）做好电抗器不拆线预试的历年数据整理工作，以便于纵向、横向比较。在产生疑问时可根据拆与不拆引线测试数据差别的对比，进行判断。

（3）电抗器不拆线预试时，所连外部设备均带试验高压，应加强监护，防止人身触电。

2. 试验的注意事项

（1）绝缘电阻表的三个接线柱接线为 L 接被测设备、E 接地、G 接屏蔽，其中，L、G 不能反接，否则将产生较大的测量误差。

（2）绝缘电阻表的 L 端及 E 端的引出线要有良好的绝缘性能，测量时不要靠在一起，要保持一定距离，以免引起测量误差。

（3）如果试验环境湿度较大，瓷套管表面泄漏电流较大时，可加等电位屏蔽线接于绝缘电阻表 G 端，屏蔽环可用软裸线在瓷套管靠近接线端子部位缠绕数圈。

三、电抗器绕组连同套管的介质损耗试验

（一）试验目的

（1）检查油浸式电抗器是否受潮，绝缘是否老化，油质是否劣化。

（2）检查油浸式电抗器绝缘上是否附着油泥和存在严重的局部缺陷。

（二）试验准备

（1）应在良好的天气情况下及试品和环境温度不低于+5℃，空气相对湿度不大于80%的条件下进行。

(2) 使用的测试仪器为抗干扰介质损耗测试仪。

(3) 检阅历年的试验报告。

(4) 准备绝缘手套和绝缘鞋，试验人员接试验线时须戴绝缘手套，穿绝缘鞋。

(5) 抄录被试设备铭牌，记录现场环境温度、湿度，测量温度以顶层油温为准，各次测量时的温度应尽量接近。

(6) 采用不拆线的试验方法。试验前应安排人员只拆除被试验油浸式电抗器中性点绕组套管连接线，将被试验油浸式电抗器所有绕组短路接地进行充分放电，避免剩余电荷干扰测试。

(7) 采用拆线的试验方法。试验前应安排人员拆除被试验油浸式电抗器高压绕组及中性点绕组套管连接线，将被试验变压器所有绕组短路接地进行充分的放电，避免剩余电荷干扰测试。

(三) 试验步骤及操作过程

1. 采用拆线的试验方法测量绕组连同套管的介质损耗

(1) 拆除油浸式电抗器高压绕组及中性点绕组套管连接线，高压绕组及中性点绕组套管用短接线连接。

(2) 测试高压绕组、中性点绕组对铁心、夹件及地的介质损耗和电容量。

将介质损耗测试仪的高压输出端（芯线）与短接后的高压绕组、中性点绕组连接，采用反接法，选定电压 10kV 进行测量，分别记录电容量及介质损耗值。

接线方式如图 9-7 所示。

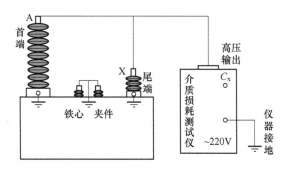

图 9-7 绕组连同套管的介质损耗测量接线图

2. 采用不拆线的试验方法测量绕组连同套管的介质损耗

如果不拆线，按常规反接线测试，与电抗器相连接的避雷器和套管引出线等对地的介质损耗也测量进去。因此，在不拆开高压引线的情况下，为了避开外部设备的影响，应测量高压绕组、中性点绕组对铁心和夹件的 $\tan\delta$。在测量前必须先打开铁心和夹件的接地端子。

(1) 拆开中性点绕组连接线，打开铁心和夹件的接地线。

(2) 将电抗器高压绕组、中性点绕组短接。

(3) 测试高压绕组、中性点绕组对铁心和夹件的介质损耗，将介质损耗测试仪的高压输出端（心线）与短接后的高压绕组、中性点绕组连接，介质损耗测试仪的 C_x 端与短接后的铁心及夹件连接，采用正接法，选定电压 10kV 进行测量，分别记录电容量及介质损耗值。

高压绕组、中性点绕组对铁心和夹件的介质损耗接线图接线方式如图 9-8 所示。

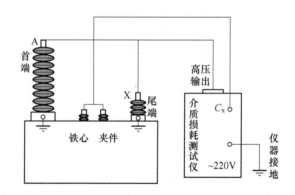

图 9-8　高压绕组、中性点绕组对铁心和夹件的介质损耗接线图

（四）数据分析及判断

电抗器试验标准同变压器。

1.《电气装置安装工程电气设备交接试验标准》（GB 50150—2016）

测量绕组连同套管的介质损耗因数（tanδ）及电容量，应符合下列规定：

(1) 当变压器电压等级为 35kV 及以上且容量在 10000kVA 及以上时，应测量介质损耗因数（tanδ）；

(2) 被测绕组的 tanδ 值不宜大于产品出厂试验值的 130%，当大于 130% 时，可结合其他绝缘试验结果综合分析判断；

(3) 当测量时的温度与产品出厂试验温度不符合时，可按该标准附录 C 表换算到同一温度时的数值进行比较；

(4) 变压器本体电容量与出厂值相比允许偏差应为 ±3%。

2.《输变电设备状态检修试验规程》（Q/GDW 1168—2013）

测量宜在顶层油温低于 50℃ 且高于 0℃ 时进行，测量时记录顶层油温和空气相对湿度，非测量绕组及外壳接地，必要时分别测量被测绕组对地、被测绕组对其他绕组的绝缘介质损耗因数。测量绕组绝缘介质损耗因数时，应同时测量电容值，若此电容值发生明显变化，应予以注意。分析时应注意温度对介质损耗因数的影响。

电抗器绕组连同套管的介质损耗试验标准见表 9-4。

表 9-4 电抗器绕组连同套管的介质损耗试验标准

例行试验项目	基准周期	要　　求
绕组绝缘介质损耗因数（20℃）	（1）≥110(66)时：3年； （2）≤35kV时：4年	（1）330kV：≤0.005（注意值）； （2）110(66)～220kV：≤0.008（注意值）； （3）≤35kV：≤0.015（注意值）

3. 国家电网公司变电检测管理规定

20℃时的介质损耗因数：330kV 及以上不大于 0.005（注意值）；110(66)～220kV 不大于 0.008（注意值）；35kV 及以下不大于 0.015（注意值）。

绕组电容量：与上次试验结果相比无明显变化。

（五）注意事项

（1）被试品表面脏污或潮湿时，会形成表面泄漏通道，可用干燥清洁柔软的布擦去被试品外绝缘表面的脏污和潮湿，不宜采用加接屏蔽环来防止表面泄漏电流的影响，否则电场分布被改变，测量数据不可信。

（2）测量被试品时，仪器接到试品导电杆顶端的高压引线，应尽量远离试品中部法兰、被试品周围的构架和引线，有条件时高压引线最好自上部向下引到试品，以免杂散电容影响测量结果。

（3）为了避免因绕组电感和空载损耗的影响而造成绕组端部和尾部电位相差较大，影响测量的准确度，应将高压绕组、中性点绕组两端短路。

（4）当测量数据偏差较大时，应测试相应温度下的油介质损耗，以区分纸和油的状况。当变压器油介质损耗值较小时，故障可能出在固体绝缘部位；若变压器油介质损耗值很大，可能是油受潮或运行中由于某种原因油质劣化，需进一步进行其他诊断性试验，以确定缺陷根源。

第三节　典型案例分析

以下对某 220kV 变电站 66kV 4 号电容器组电抗器数据异常进行分析。

一、案例简介

2018 年，变电检修室进行 66kV 4 号电容器（型号：CKDK-66-33 3.6/2.1-5；厂家：某电器有限公司，出厂日期：2011 年 12 月）组诊断试验时，进行 C 相电抗器直流电阻试验时，该相直流电阻与同组电抗器比较超差，与历史数据比较超差2%。

二、原因分析

该电抗器运行中过热，C相线圈内部短路，导致直流电阻减小。

三、暴露问题

制造质量不良，长期运行造成过热，内部短路。

四、采取措施

已通知现场工作负责人，通知厂家已返厂处理。

第十章 电容器试验

第一节 电容器基本知识

一、电力电容器的作用

电力电容器,用于电力系统和电工设备的电容器。任意两块金属导体,中间用绝缘介质隔开,即构成一个电容器。电容器电容的大小,由其几何尺寸和两极板间绝缘介质的特性来决定。当电容器在交流电压下使用时,常以其无功功率表示电容器的容量,单位为乏(或千乏)。并联电容器是一种无功补偿设备,并联在线路上,其主要作用是补偿系统的无功功率,提高功率因数,从而降低电能损耗、提高电压质量和设备利用率。

电容器组配套设置的串联电抗器是为了限制合闸涌流和限制谐波,其有两个目的:一种是降低电容器组在合闸过程中产生的涌流倍数和涌流频率对电容器组的影响;另一种是能限制操作过电压,滤除指定的高次谐波,同时抑制其他次谐波放大,减少电网中电压波形畸变。

(一)串联电容器的作用

串联电容器主要用于补偿电力系统的电抗,常用于高压系统。

(1)提高线路末端电压。串接在线路中的电容器,利用其容抗 X_c 补偿线路的感抗 X_1,使线路的电压降落减少,从而提高线路末端(受电端)的电压,一般可将线路末端电压最大可提高 10%~20%。

(2)降低受电端电压波动。当线路受电端接有变化很大的冲击负荷(如电弧炉、电焊机、电气轨道等)时,串联电容器能消除电压的剧烈波动。这是因为串联电容器在线路中对电压降落的补偿作用是随通过电容器的负荷而变化的,具有随负荷的变化而瞬时调节的性能,能自动维持负荷端(受电端)的电压值。

(3)提高线路输电能力。由于线路串入了电容器的补偿电抗 X_c,线路的电压降落和功率损耗减少,相应地提高了线路的输送容量。

(4)改善了系统潮流分布。在闭合网络中的某些线路上串接一些电容器,部分改变了线路电抗,使电流按指定的线路流动,以达到功率经济分布的目的。

(5)提高系统的稳定性。线路串入电容器后,提高了线路的输电能力,这本身就提高了系统的静稳定。当线路故障被部分切除时（如双回路被切除一回、但回路单相接地切除一相），系统等效电抗急剧增加，此时将串联电容器进行强行补偿，即短时强行改变电容器串、并联数量，临时增加容抗 X_c，使系统总的等效电抗减少，提高了输送的极限功率，从而提高系统的动稳定。

（二）并联电容器的作用

并联电容器并联在系统的母线上，类似于系统母线上的一个容性负荷，它吸收系统的容性无功功率，这就相当于并联电容器向系统发出感性无功。因此，并联电容器能向系统提供感性无功功率，系统运行的功率因数，提高受电端母线的电压水平，同时它减少了线路上感性无功的输送，减少了电压和功率损耗，因而提高了线路的输电能力。

二、电力电容器的分类

电力电容器按安装方式可分为户内式和户外式两种；按其运行的额定电压可分为低压和高压两类；按其相数可分为单相和三相两种，除低压并联电容器外，其余均为单相；按外壳材料可分为金属外壳、瓷绝缘外壳、胶木筒外壳等。

按用途又可分为以下八种。

（1）并联电容器。原称移相电容器，主要用于补偿电力系统感性负荷的无功功率，以提高功率因数，改善电压质量，降低线路损耗。

（2）串联电容器。串联于工频高压输、配电线路中，用以补偿线路的分布感抗，提高系统的静、动态稳定性，改善线路的电压质量，加长送电距离和增大输送能力。

（3）耦合电容器。主要用于高压电力线路的高频通信、测量、控制、保护以及在抽取电能的装置中作部件用。

（4）断路器电容器。原称均压电容器，并联在超高压断路器断口上起均压作用，使各断口间的电压在分断过程中和断开时均匀，并可改善断路器的灭弧特性，提高分断能力。

（5）电热电容器。用于频率为 40~24000Hz 的电热设备系统中，以提高功率因数，改善回路的电压或频率等特性。

（6）脉冲电容器。主要起贮能作用，用作冲击电压发生器、冲击电流发生器、断路器试验用振荡回路等基本贮能元件。

（7）直流和滤波电容器。用于高压直流装置和高压整流滤波装置中。

（8）标准电容器。用于工频高压测量介质损耗回路中，作为标准电容或用作测量高压的电容分压装置。

使用电容器组的过程中需要注意以下几点。

（1）防止谐振过电压。电容器组常接在变电所母线上做无功补偿。当母线接有硅整流等谐波源设备时，就有可能发生谐波过电压。这是因为这时的电路等效于 RLC 串联电路，如果电网电压中某次谐波的频率等于或接近谐振频率时，那么就会在这一谐波电压作用下发生谐振，损坏电容器组。

（2）防止电容器爆炸。电容器的功率损耗和发热量与电压的平方成正比（如电网电压偏高），加之环境湿度过高，散热困难，所以在较长时间的高温、高电场强度作用下，绝缘加速老化，将导致电容元件击穿。击穿后，不但击穿相电流增大，而且并联的其他电容器向击穿的电容器放电，使该电容器产生剧热，从而绝缘油分解产生大量气体，导致箱壳、瓷导管爆炸。另外，谐波过电压与操作过电压能直接引起电容器爆炸。

（3）防止检测电容器时触电。有些工作人员认为，电容器装有放电装置，对其检修时就不需要进行人工放电。其实这种想法是错误的，因为电容器储存的电荷虽经放电装置放电，但仍有可能存在残余电荷（尤其是电容器内部），所以无论装有哪种放电装置，都必须在人工放电后开始检修。

三、电力电容器的基本结构

电力电容器的基本结构包括电容元件、浸渍剂、紧固件、引线、外壳和套管，结构如图 10-1 所示。

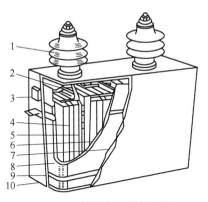

图 10-1　补偿电容器结构图
1—出线套管；2—出线连接片；3—连接片；4—扇形元件；5—固定板；
6—绝缘件；7—包封件；8—连接夹板；9—紧箍；10—外壳

额定电压在 1kV 以下的称为低压电容器，1kV 以上的称为高压电容器，都做成三相、三角形连接线，内部元件并联，每个并联元件都有单独的熔丝；高压电容器一般都做成单相，内部元件并联。外壳用密封钢板焊接而成，芯子由电容元件串并联组成，电容元件用铝箔作电极，用复合薄膜绝缘。电容器内绝缘油（矿物油或十二烷基苯等）作浸渍介质。

(一) 电容元件

电容元件用一定厚度和层数的固体介质与铝箔电极卷制而成。若干个电容元件并联和串联起来，组成电容器芯子。在电压为 10kV 及以下的高压电容器内，每个电容元件上都串有一熔丝，作为电容器的内部短路保护。当某个元件击穿时，其他完好元件即对其放电，使熔丝在毫秒级的时间内迅速熔断，切除故障元件，从而使电容器能继续正常工作。

(二) 浸渍剂

电容器芯子一般放于浸渍剂中，以提高电容元件的介质耐压强度，改善局部放电特性和散热条件。浸渍剂一般有矿物油、氯化联苯、SF_6 气体等。

(三) 外壳和套管

外壳一般采用薄钢板焊接而成，表面涂阻燃漆，壳盖上焊有出线套管，箱壁侧面焊有吊攀、接地螺栓等。大容量集合式电容器的箱盖上还装有油枕或金属膨胀器及压力释放阀，箱壁侧面装有片状散热器、压力式温控装置等。接线端子从出线瓷套管中引出。

第二节 电容器常规试验

在变电站中，电容器成为投切最频繁的电气设备，由于产品制造原因或设计、运行、维护不当造成严重的电容器损坏事故，给电网带来巨大损失，因此为保证电容器的安全稳定运行，必须严格按照试验规程的要求在生产、安装、运行环节中对其进行试验。本节主要介绍高压并联电容器、串联电容器和滤波电容器的试验方法和试验数据分析诊断方法。

(1) 交接试验。电容器交接试验是检验电容器在制造、运输和安装后，电容器的性能特性和绝缘特性是否符合规程、施工设计及厂家技术要求，确保电容器能安全、可靠地投入运行。《电气装置安装工程电气设备交接试验标准》(GB 50150—2016) 规定，电容器的交接试验项目有：

1) 测量绝缘电阻；
2) 测量耦合电容器、断路器电容器的介质损耗角正切值 (tanδ) 及电容值；
3) 耦合电容器的局部放电试验；
4) 并联电容器交流耐压试验；
5) 冲击合闸试验。

(2) 运行中的例行试验。高压并联电容器、串联电容器和交流滤波电容器的例行试验项目有：

1) 极对壳绝缘电阻测试；
2) 电容值测试；

3) 并联电阻值测量;

4) 外观及渗漏油检查;

5) 红外测温。

一、电容器绝缘电阻试验

(一) 试验目的

(1) 发现电容器由于油箱焊缝和套管处焊接工艺不良,密封不严造成绝缘降低的故障。

(2) 可发现电容器高压套管受潮及缺陷。

(二) 试验准备

1. 了解被试设备现场情况及试验条件

查勘现场,查阅相关技术资料,包括该设备历年试验数据及相关规程等,掌握该设备运行及缺陷情况。

2. 测试仪器、设备的准备

选择合适的绝缘电阻表、温(湿)度计、高空接线钳、屏蔽线、放电棒、接地线、梯子、安全带、安全帽、电工常用工具、试验临时安全遮栏、标示牌等。对于电压等级较高的耦合电容器还需高空作业车,并查阅测试仪器、设备及绝缘工器具的检定证书有效期。

3. 办理工作票并做好试验现场安全和技术措施

向其余试验人员交代工作内容、带电部位、现场安全措施、现场作业危险点,明确人员分工及试验程序。

(三) 试验步骤及方法

1. 试验接线

(1) 高压并联电容器两级对地绝缘电阻测试。测试高压并联电容器两极对数字绝缘电阻表地绝缘电阻时,电容器两极之间用裸铜线短接后接绝缘电阻表的 L 端,外壳可靠接地,绝缘电阻表的 E 端接地。试验接线如图 10-2 所示。

(2) 集合式高压并联电容器相间及对地绝缘电阻测试。测试集合式高压并联电容器相间及对地绝缘电阻时,各相极间应短接,测试相接绝缘电阻表的 L 端,非测试相接地,电容器外壳应可靠接地,绝缘电阻表的 E 端接地。试验如图 10-3 所示。

2. 耦合电容器极间绝缘电阻测试

(1) 测试耦合电容器极间绝缘电阻时,耦合电容器高压端接绝缘电阻表的 L 端,耦合电容器的下法兰和小套管接地,绝缘电阻表的 E 端接地。表面受潮或脏污时应在靠近耦合电容器高压端 1-2 瓷裙处加装屏蔽环,屏蔽环接绝缘电阻表的 G 端。试验接线如图 10-4 所示。

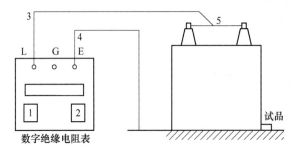

图 10-2　高压并联电容器两级对地绝缘电阻测试接线图

1—绝缘电阻表电源开关；2—绝缘电阻表高压输出测试开关；3—绝缘电阻表高压输出测试线；
4—绝缘电阻表接地极接地线；5—电容器两级短接线、高压输入端

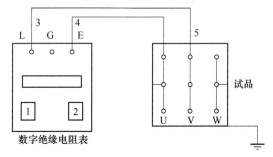

图 10-3　集合式高压并联电容器相间及对地绝缘电阻测试接线图

1—绝缘电阻表电源开关；2—绝缘电阻表高压输出初试开关；3—绝缘电阻表高压输出测试线；
4—绝缘电阻表接地极接地线；5—集合式高压并联电容器高压测试线

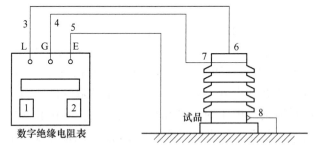

图 10-4　耦合电容器极间及小套管对地绝缘电阻测试接线图

1—绝缘电阻表电源开关；2—绝缘电阻表高压输出测试开关；3—绝缘电阻表高压输出测试线；
4—绝缘电阻表屏蔽测试极；5—绝缘电阻表接地极接地线；6—耦合电容器高压测试线；
7—耦合电容器屏蔽测试线；8—耦合电容器小套管

(2) 耦合电容器小套管对地绝缘电阻测试。测试耦合电容器小套管对地绝

缘电阻时,耦合电容器小套管接绝缘电阻表的 L 端,耦合电容器的下法兰接地。试验接线如图 10-5 所示。

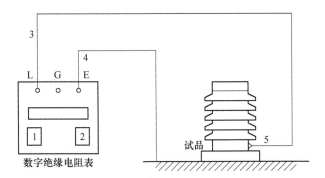

图 10-5　耦合电容器小套管对地绝缘电阻测试接线图
1—绝缘电阻表电源开关；2—绝缘电阻表高压输出测试开关；
3—绝缘电阻表高压输出测试线；4—绝缘电阻表接地极接地线；
5—耦合电容器小套管高压测试线

3. 试验步骤

高压并联电容器两级对地、集合式高压并联电容器相间及对地绝缘电阻测试步骤如下。

（1）测试前首先用放电棒对电容器进行充分放电,拆除与电容器的所有接线,清洁电容器套管。

（2）被试电容器极间短接,电容器外壳应可靠接地。

（3）将绝缘电阻表放置平稳,检查绝缘电阻表是否电量充足,打开测量端的电源,此时绝缘电阻表的指针应指"∞",再用导线短接绝缘电阻表的"火线"与"地线"端头,其指针为零（瞬间短路以免损坏绝缘电阻表）。将绝缘电阻表的接地端与被试品的地线连接,绝缘电阻表的高压端接上测试线,测试线的另一端悬空（不接试品）。

（4）试验接线经检查无误后,驱动绝缘电阻表达额定转速,将测试线搭上电容器的测试部位,读取 60s 绝缘电阻值,并做好记录。

（5）读取绝缘电阻后,应先断开接至被试品高压端的连接线,再将绝缘电阻表停止运转,以免反充电而损坏绝缘电阻表。

（6）使用放电棒对电容器测试部位充分放电并接地。

（7）测试集合式高压并联电容器相间及对地绝缘电阻时,被试电容器 U、V、W 三相分别与绝缘电阻表的 L 端连接,非被试相及外壳可靠接地,按步骤（1）~（6）进行测试,测试各相对地及相间绝缘电阻。

（8）记录测试结果。

4. 耦合电容器极间及小套管对地绝缘电阻测试步骤

（1）用放电棒对电容器进行充分放电，拆除与电容器的所有接线，清洁电容器套管。

（2）测量极间绝缘电阻时，法兰和小套管接地。

（3）将绝缘电阻表放置平稳，检查绝缘电阻表是否电量充足，打开测量端的电源，此时绝缘电阻表的指针应指"∞"，再用导线短接绝缘电阻表的"火线"与"地线"端头，其指针为零（瞬间短路以免损坏绝缘电阻表）。将绝缘电阻表的接地端与被试品的地线连接，绝缘电阻表的高压端接上测试线，测试线的另一端悬空（不接试品）。

（4）试验接线经检查无误后，驱动绝缘电阻表达额定转速，将测试线搭上耦合电容器高压端（测试部位），读取60s绝缘电阻值，并做好记录。

（5）读取绝缘电阻后，应先断开接至被试品高压端的连接线，再将绝缘电阻表停止运转，以免反充电而损坏绝缘电阻表。

（6）使用放电棒对电容器测试部位充分放电并接地。

（7）测试小套管对地绝缘电阻时，应使用1000V绝缘电阻表，先拆除小套管的连接线，检查法兰是否接地，耦合电容器高压端不接地，按步骤（4）~（6）进行测试。

（8）记录测试结果。

（四）操作过程

图4-4为试验用绝缘电阻测试仪实物图。试验过程中要进行呼唱和加强监护。操作员打开电源开关兆欧表自检。自检后，打开电源，按"电压选择"键，选择电压2500V，请求加压；工作负责人允许加压；操作员按压"启动（停止）"键；操作员的手应放在"启动（停止）"键附近，随时警戒异常情况的发生。测量数据稳定后，操作员按压"启动（停止）"键，读取绝缘电阻值，记录员复诵并记录。操作员关闭电源（"关"）。

（五）数据分析及判断

1.《电气装置安装工程电气设备交接试验标准》（GB 50150—2016）

（1）500kV及以下电压等级的应采用2500V兆欧表，750kV电压等级的应采用5000V兆欧表，测量耦合电容器、断路器电容器的绝缘电阻应在二极间进行。

（2）并联电容器应在电极对外壳之间进行，并应采用1000V兆欧表测量小套管对地绝缘电阻，绝缘电阻均不应低于500MΩ。

2.《输变电设备状态检修试验规程》（Q/GDW 1168—2013）

电容器绝缘电阻试验标准见表10-1。

表 10-1 电容器绝缘电阻试验标准

例行试验项目	基准周期	要求
高压并联电容器和集合式电容器绝缘电阻	自定（≤6年） 新投运1年内	≥2000MΩ
耦合电容器极间绝缘电阻	3年	≥5000MΩ
耦合电容器低压端对地绝缘电阻	3年	≥100MΩ

3. 国家电网公司变电检测管理规定

电容器绝缘电阻试验标准见表 10-2。

表 10-2 电容器绝缘电阻试验标准

设　备	项目	标准
高压/干式并联电容器	极对壳绝缘电阻	≥2000MΩ
耦合电容器	极间绝缘电阻	≥5000MΩ
	低压端对地绝缘电阻	≥100MΩ
集合式电容器相间和极对壳	绝缘电阻	≥2000MΩ
断路器断口并联电容器极间	绝缘电阻	≥2000MΩ
并联电容器组用串联电抗器、放电线圈	绝缘电阻	≥1000MΩ

（六）注意事项

（1）防止高处坠落。人员在拆、接电容器一次引线时，必须系好安全带。对220kV及以上电容器拆接引线时需使用高空作业车。在使用梯子时，必须有人扶持或绑牢。

（2）防止高处落物伤人。高处作业应使用工具袋，上下传递物件应用绳索拴牢传递，严禁抛掷。

（3）防止人员触电。拆、接试验接线前，应将被试品对地充分放电，以防止剩余电荷、感应电压伤人及影响测量结果。为防止感应电压伤人，在拆除引线前电容器上应悬挂接地线，接引线时先在电容器上悬挂接地线。试验仪器的外壳应可靠接地。

（4）为了克服测试线本身对地电阻的影响，绝缘电阻表的L端测试线应尽量使用屏蔽线，芯线与屏蔽层不应短接。在测量时，绝缘电阻表L端的测试线应使用绝缘棒与被试电容器连接。

（5）运行中的电容器，为克服残余电荷影响测试数据，测试前应充分放电。电容器不仅极间放电，极对地也要放电。并联电容器应从电极引出端直接放电，避免通过熔丝放电。

（6）放电时应使用放电棒，放电后再直接通过接地线接地放电。

（7）正确使用绝缘电阻表，注意操作程序，防止反充电。

（8）避免测试并联电容器极间绝缘电阻。因并联电容器极间电容较大，操作不当将造成人身和设备事故。

二、电容量的测量

（一）试验目的

通过电容器极间电容量的测试，可灵敏地反映电容器内部浸渍剂的绝缘状况以及内部元件的连接状况。通过电容量的测量和判断，可以预防电容器在正常运行条件和过电压情况下的损坏。

（二）试验准备

（1）了解被试设备现场情况及试验条件。查勘现场，查阅相关技术资料，包括该设备历年试验数据及相关规程等，掌握该设备运行及缺陷情况。

（2）测试仪器、设备的准备。选择合适的电容表或电压表、电流表、自动抗干扰介质损耗测试仪（如济南泛华 AI-6000E）、测试线、万用表、温（湿）度计、电源盘、高空接线钳、屏蔽线、放电棒、接地线、梯子、安全带、安全帽、电工常用工具、试验临时安全遮栏、标示牌等。对于电压等级较高的耦合电容器还需高空作业车，并查阅测试仪器、设备及绝缘工器具的检定证书有效期。

（3）办理工作票并做好试验现场安全和技术措施。向其余试验人员交代工作内容、带电部位、现场安全措施、现场作业危险点，明确人员分工及试验程序。

（三）试验步骤及方法

1. 高压并联电容器极间电容量测试

（1）原理接线图。高压并联电容器极间电容量测试原理接线如图 10-6 所示。

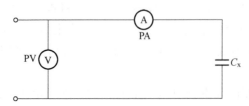

图 10-6　高压并联电容器极间电容址的原理接线图

PV—电压表；PA—电流表；C_x—被试电容

（2）示意接线图。高压并联电容器极间电容量测试示意接线如图 10-7 所示。

（3）集合式高压并联电容器极间电容量测试接线示意如图 10-8 所示。

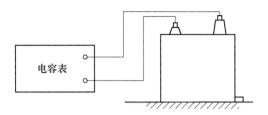

图10-7 高压并联电容器极间电容量测试示意接线图

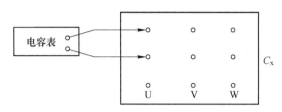

图10-8 集合式高压并联电容器极间电容量测试接线示意图

2. 耦合电容器极间电容量的测试

(1) 原理接线图。耦合电容器电容量测量一般采用 AI-6000 自动电桥按正接线测量。测试时耦合电容器高压电极接测试电压,法兰接地,耦合电容器低压电极小套管接电桥 C_x 端,若被试品没有小套管,C_x 端与法兰连接并垫绝缘物测量。AI-6000 自动电桥原理接线如图 10-9 所示。

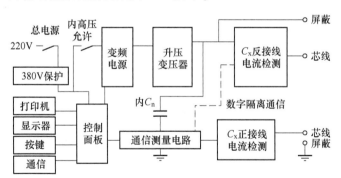

图10-9 AI-6000 自动电桥原理接线图

(2) 示意接线图。耦合电容器极间电容量的测试接线示意如图 10-10 所示。测试步骤如下。

(1) 高压并联电容器极间电容量测试:

1) 测试前,应对被试电容器充分放电并接地,拆除其所有接线和外部熔丝;

2) 根据被试电容器的电容量,选择仪表电容量的挡位,测试线接在电容器两级,打开测试开关进行测试;

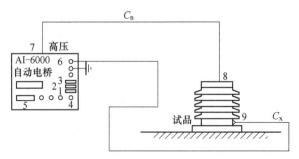

图 10-10 耦合电容器电容量测试接线示意图

1—电桥电源开关；2—电桥内高压允许开关；3—交流 220V 电源；4—高压启动开关；5—显示屏；
6—电桥 C_x 输出线；7—电桥高压输出线；8—耦合电容器高压输入端；9—耦合电容器末屏小套管信号线

3）读取数据，进行记录。

（2）耦合电容器极间电容量的测试：

1）测试前对电容器进行充分放电并接地，拆除被试电容器对外所有一次连接线；

2）仪器接地端可靠接地，接好 C_x 测试线及 C_n 线；

3）电容器法兰接地，打开小套管接地线并与电桥 C_x 端相连接，高压引线（C_n 线）接至电容器高压电极，取下接地线，检查接线无误后，通知其他人员远离被试品并监护；

4）合上试验电源，打开总电源开关和内高压允许开关，再通过控制面板设定好高压输出值及频率等相关参数，采用"正接线-变频-10KV"，设置完毕进行高声呼唱，按"启动"键进行测试；

5）测试过程中注意观察测试进度，随时警戒异常情况的发生；

6）仪器显示测试结果后，断开内高压允许开关，记录电容量及介质损耗数据并进行数据分析，断开总电源开关；

7）对被试品进行放电并接地，拆除测试引线。特别注意小套管接地引线的恢复。

（四）操作过程

图 10-11 所示为电容表外观图。

（1）将量程拨到合适的位置。

（2）测量电容值较小的电容时，需要调整"ZERO ADJ"旋钮来校零，以提高精度。

（3）将电容器按极性连接到电容输入插座或端子。

图 10-11 测试用电容表

(4) 当仅显示"1"时,仪表已过载,请将量程拨到更高的量程;当在最高位有"0"显示时,以提高测量分辨力和精度。当电容器短路时,仪表指示过载,并只显示"1";当电容漏电时,显示值可以高于其真实值;当电容开路时,显示值为"0"(在200pF量程,可能显示±10pF);当一个漏电的电容接入时,显示值可能跳动不稳定;当使用其他测试表笔来测量电容器时,表笔可能带入电容值,在测量前记下数值,并于测量后减掉。

(五)数据分析及判断

1. 《电气装置安装工程电气设备交接试验标准》(GB 50150—2016)

(1) 对电容器组,应测量各相、各臂及总的电容值。

(2) 测量结果应符合现行国家标准《标称电压1000V以上交流电力系统用并联电容器第1部分:总则》(GB/T 11024.1—2019)的规定。电容器组中各相电容量的最大值和最小值之比,不应大于1.02。

2. 《输变电设备状态检修试验规程》(Q/GDW 1168—2013)

电容器电容量测量标准见表10-3。

表10-3 电容器电容量测量标准

例行试验项目	基准周期	要求
高压并联电容器和集合式电容器	自定(≤6年) 新投运1年内	电容器组的电容量与额定值的相对偏差应符合下列要求: (1) 3Mvar以下电容器组:-5%~10%; (2) 从3Mvar到30Mvar电容器组:0~10%; (3) 30Mvar以上电容器组:0~5%。 且任意两线端的最大电容量与最小电容量之比值,应不超过1.05。当测量结果不满足上述要求时,应逐台测量。单台电容器电容量与额定值的相对偏差应在-5%~10%,且初值差不超过±5%

3. 国家电网公司变电检测管理规定

(1) 电容器组应测量各相、各臂及总的电容量。对于框架式电容器,应采用不拆连接线的测量方法逐台测量单台电容器的电容量。电容器组的电容量与额定值的相对偏差应符合下列要求:容量3Mvar以下的电容器组为-5%~10%;容量从3Mvar到30Mvar的电容器组为0~10%;容量30Mvar以上的电容器组为0~5%。

(2) 任意两线端的最大电容量与最小电容量之比值,应不超过1.05。

(3) 单台电容器电容量与额定值的相对偏差应在-5%~10%,且初值差不超过±5%。对于带内熔丝电容器,电容量减少不超过铭牌标注电容量的3%。

(六) 注意事项

(1) 防止高处坠落。人员在拆、接电容器一次引线时，必须系好安全带。对220kV及以上电容器拆接引线时需使用高空作业车。在使用梯子时，必须有人扶持或绑牢。

(2) 防止高处落物伤人。高处作业应使用工具袋，上下传递物件应用绳索拴牢传递，严禁抛掷。

(3) 防止人员触电。拆、接试验接线前，应将被试品对地充分放电，以防止剩余电荷、感应电压伤人及影响测量结果。为防止感应电伤人，在拆除引线前电容器上应悬挂接地线，接引线时先在电容器上悬挂接地线。试验仪器的外壳应可靠接地。

(4) 高压试验造成触电。试验区域设专用围栏，对外悬挂"止步，高压危险！"标示牌。加压时设专人监护并大声呼唱，试验人员应站在绝缘垫上，试验完毕对被试设备充分放电。

测试过程中的注意事项如下。

(1) 高压并联电容器极间电容量测试：

1) 运行中的设备停电后应先放电，再将高压引线拆除后测量，否则将引起测量误差；

2) 进行电容器电容量测试时，尽量避免通过熔丝测量。

(2) 耦合电容器极间电容量的测试：

1) 测试应在良好的天气下进行，设备表面应清洁干燥，避免在湿度较大的情况下进行测试，且空气相对湿度一般不高于80%，环境温度不低于5℃；

2) 仪器自带有升压装置，应注意高压引线的绝缘及人员安全；

3) 仪器必须可靠接地；

4) 进行介质损耗测试前，应先对设备进行绝缘试验；

5) 仪器启动后，不允许突然关断电源，以免引起过电压损坏设备；

6) 选择合适的试验电压，避免因电压过高而造成设备绝缘损坏或击穿；

7) 加压时大声呼唱，做好监护工作；

8) 电压等级高的设备要注意防止感应电伤人或损坏仪器；

9) 测试前检查电容器是否漏油。

三、电容器耐压试验

(一) 试验目的

考核其绝缘的电气强度，主要检查电容器内部极对外壳的绝缘、电容元件外包绝缘、浸渍剂泄漏引起的滑闪和套管及引线故障。

(二) 试验准备

(1) 了解被试设备现场情况及试验条件。查勘现场，查阅相关技术资料，包括该设备历年试验数据及相关规程等，掌握该设备运行及缺陷情况。

(2) 测试仪器、设备的准备。选择合适的试验变压器、操作箱、分压器、保护球隙、万用表、温（湿）度计、电源盘、高空接线钳、放电棒、接地线、梯子、安全带、安全帽、电工常用工具、试验临时安全遮栏、标示牌等，并查阅测试仪器、设备及绝缘工器具的检定证书有效期。

(3) 办理工作票并做好试验现场安全和技术措施。向其余试验人员交代工作内容、带电部位、现场安全措施、现场作业危险点，明确人员分工及试验程序。

(三) 试验步骤及方法

1. 并联式高压电容器耐压试验接线

(1) 原理接线图。交流耐压试验原理接线如图10-12所示。

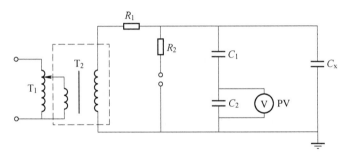

图 10-12　交流耐压试验原理接线图

T_1—调压器；T_2—试验变压器；R_1—限流电阻；C_x—被试电容器
R_2—球隙保护电阻；C_1、C_2—分压电容器高、低压臂电容；PV—电压表

(2) 示意接线图。试验时两电极短接后接高压，电容器外壳接地。电容器极对地交流耐压接线示意如图10-13所示。

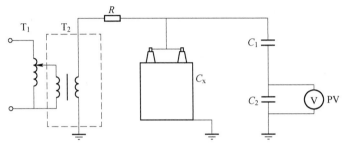

图 10-13　电容器极对地交流耐压接线示意图

T_1—调压器；T_2—试验变压器；R—限流电阻；C_1、C_2—分压电容器高、
低压臂电容；PV—电压表；C_x—被试电容器

2. 集合式高压并联电容器耐压试验接线

试验时各相极间短接，试验相短接后接高压，非试验相短接后接地，外壳接地，三相分别施加试验电压。集合式电容器相间及对地交流耐压接线示意如图10-14所示。

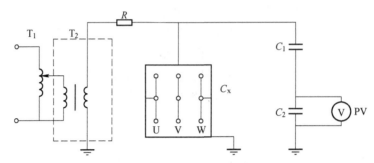

图10-14　集合式电容器相间及对地交流耐压接线示意图

T_1—调压器；T_2—试验变压器；R—限流电阻；C_1、C_2—分压电容器高、低压臂电容；PV—电压表；C_x—被试电容器

（1）将被试电容器接地放电，拆除电容器对外的一切连线和外熔丝。

（2）测试绝缘电阻应正常。

（3）检查试验接线正确、调压器在零位后，通知试验人员离开被试品，高声呼唱，不接试品进行升压。高低压电压表指示一致，保护球隙可靠动作。

（4）断开试验电源，检查电压在零位，电容器双极短接后接高压引线，（集合式高压并联电容器：电容器各相电极间短接，试验相接高压引线，非试验相接地，U、V、W相分别施加试验电压）。高压引线应连接牢固，引线应尽量短，必要时使用绝缘物支撑或扎牢。注意高压引线对周围非试验设备的安全距离，电容器外壳接地，周围非试验设备接地。检查试验接线正确。

（5）高压并联电容器极对地交流耐压试验电压为出厂值的75%。

（6）通知试验人员离开被试品，高声呼唱，开始升压。

（7）升压必须从零（或接近于零）开始，切不可冲击合闸。升压速度在75%试验电压以前，可以是任意的，自75%电压开始应均匀升压，约为每秒2%试验电压的速率升压。升压过程中应密切监视高压回路和高压侧仪表指示，监听被试品有何异响。升至试验电压，开始计时并读取试验电压。时间1min，迅速均匀降压到零（或1/3试验电压以下），然后切断电源，使用放电棒进行放电，再用接地线充分放电，挂接地线。试验中如无破坏性放电发生，则认为通过耐压试验。

（8）测试绝缘电阻，其值应无明显变化（一般绝缘电阻下降不大于30%）。

(四) 操作过程

(1) 调球隙。调球隙时，阻尼电阻不接变压器高压绕组端子。打开仪器电源开关，检查控制台上"零位指示"和"电源指示"是否正常。正常之后，按"合闸"按钮；旋转转盘开始加压，待球隙击穿后，停止加压，查看静电电压表，记录球隙击穿电压，然后根据与 24kV 的关系，调整球隙，直至球隙击穿电压为 24kV。

(2) 交流耐压试验。打开仪器电源开关，检查控制台上"零位指示"和"电源指示"是否正常。正常之后，按"合闸"按钮；旋转转盘开始加压，待静电电压表显示电压为 20kV 时，停止加压。按"计时"键，开始计时，60s 后，关闭"计时"；旋转转盘，调压至零；按"分闸"按钮；关闭电源开关。

(五) 数据分析及判断

1. 《电气装置安装工程电气设备交接试验标准》(GB 50150—2016)

并联电容器的交流耐压试验，应符合下列规定：

(1) 并联电容器电极对外壳交流耐压试验电压值应符合表 10-4 的规定；

(2) 当产品出厂试验电压值不符合表 10-4 的规定时，交接试验电压应按产品出厂试验电压值的 75% 进行；

(3) 交流耐压试验应历时 10s。

表 10-4 电容器耐压试验标准 (V)

额定电压	<1	1	3	6	10	15	20	35
出厂试验电压	3	6	18/25	23/32	30/42	40/55	50/65	80/95
交接试验电压	2.3	4.5	18.8	24	31.5	41.3	48.8	71.3

注：斜线后的数据为外绝缘的干耐受电压。

2. 《输变电设备状态检修试验规程》(Q/GDW 1168—2013)

无要求。

3. 国家电网公司变电检测管理规定

试验中如无破坏性放电发生，且耐压前后的绝缘电阻无明显变化，则认为耐压试验通过。

(六) 注意事项

(1) 防止高处坠落。人员在拆、接电容器一次引线时，必须系好安全带。在使用梯子时，必须有人扶持或绑牢。

(2) 防止高处落物伤人。高处作业应使用工具袋，上下传递物件应用绳索拴牢传递，严禁抛掷。

(3) 防止人员触电。拆、接试验接线前，应将被试品对地充分放电，以防止剩余电荷、感应电压伤人及影响测量结果。为防止感应电压伤人，在拆除引线前电容器上应悬挂接地线，接引线时先在电容器上悬挂接地线。试验仪器的外壳应可靠接地。

（4）高压试验造成触电。试验区域设专用围栏，对外悬挂"止步，高压危险！"标示牌。加压时设专人监护并大声呼唱，试验人员应站在绝缘垫上，试验完毕对被试设备充分放电。

（5）耐压试验前首先检查其他试验项目是否合格，合格后才能进行交流耐压试验。

（6）试验前后应对电容器进行充分放电，应从电极引出端直接放电，避免通过熔丝放电，以免放电电流熔断熔丝。

（7）注意容升和电压谐振，试验电压应在并联电容器极对地之间测量。

（8）试验回路必须装设过电流保护装置，且动作灵敏可靠，动作电流可按试验变压器额定电流的 1.5~2 倍整定。

（9）防止冲击合闸及合闸过电压。应从零开始升压，切不可冲击合闸。试验过程中如发现试验设备或被试品异常，应停止升压，立即降压、断电，查明原因后再进行下面的工作。

（10）有时工频耐压试验进行了数十秒钟，中途因故失去电源，使试验中断。在查明原因，恢复电源后，应重新进行全时间的持续耐压试验，不可仅进行"补足时间"的试验。

第三节　典型案例分析

一、某 66kV 变电站 10kV 电容器组缺陷分析

（一）案例简介

2018 年，变电检修室对某 66kV 变电站 10kV 1 号、2 号电容器进行例行试验，试验过程中发现以下设备缺陷。

（1）10kV 1 号电容器组 b 组 A 相第二支电容器电容量测试值为 40.1μF，与铭牌额定值 27.44μF 相比，误差为 +46.1%（规程要求误差在-5%~10%，不合格）。铭牌数据：BAM11/$\sqrt{3}$-334-1W，2013.02，12101119，某市锡容电力电器有限公司。

（2）10kV 2 号电容器组 a 组 B 相第二支电容器电容量测试值为 16.4μF，与铭牌额定值 17.5μF 相比，误差为-6.2%（规程要求误差在-5%~10%）不合格。铭牌数据：BAM11/$\sqrt{3}$-217-1W，2009.04，2256，某市电力电容器有限公司。

(二) 原因分析

10kV 电容器内部某部分电容元件损坏。

(三) 暴露问题

电容器制造工艺不良,长期运行内部劣化损坏。

(四) 采取措施

现场告知检修人员处理,检修人员将 2 号电容器组中不合格的电容器进行了更换(更换的电容器编号 2261,电容量测试值 17.29μF,铭牌额定值 17.48μF),试验人员重新试验后合格。

二、某 66kV 变电站 10kV 2 号电容器组电抗器故障情况

(一) 案例简介

2020 年某日,运维人员巡视,发现 10kV 2 号电容器组附近有异味,停电检查后发现 10kV 2 号电容器组 1 号电抗器 A 相烧损严重,外壳开裂。该组电容器组 5 月 26 日之前正常投运,二次保护未发现接地及跳闸情况。14 时 50 分,检修人员到达作业现场开展对 10kV 2 号电容器组检修、试验工作,试验结果 2 号电抗器故障无法投运。电容器组 2 只电容器故障无法投运。

异常电容器外观如图 10-15 所示。

图 10-15 异常电容器组外观

(二) 设备情况

10kV 2 号电容器组型号为 BFMHXZ10-2000-3W,某电气有限责任公司 2007 年 3 月生产,2009 年 4 月份投运。电容器型号为 BFM11/$\sqrt{3}$-334-1W,某电容器有限公司 2007 年 4 月生产。电抗器型号为 CK-60/10 环氧浇筑干式串联电抗器,某制造有限公司 2007 年 3 月生产。

(三) 现场检查及处理情况

检修人员到达现场,对外观情况进行检查,2 号电抗器 A 相烧损严重,外壳开裂。电容器、放电线圈等设备外观检查情况良好。

对设备进行试验,2 号电抗器直流电阻 A 相 50.56mΩ,B 相 88.50mΩ,C 相 84.14mΩ。电容量测试 A_1 为 25.7μF,初值 26.8μF,上次试验值为 26.6μF。C_2 为 25.9μF,初值 26.8μF,上次试验值为 26.8μF。

异常电抗器外观如图 10-16 所示。

图 10-16 异常电抗器外观

(四) 原因分析

2号电抗器直流电阻相间差别为 7.5%, 超出相间差别不大于三相平均值的 2% 的规定。

A_1、C_2 电容器电容量与额定值的标准偏差为 -4.1%、-3.35%, 不超过 -5% ~ -10% 的规定, 但与上次试验值相比变化明显。

(五) 下一步整改措施

(1) 更换 2 号电抗器、A_1、C_2 电容器。

(2) 电容器组为封闭箱体, 内部故障情况平时巡视不能发现, 建议增加观察窗。

第十一章　电力电缆试验

第一节　电力电缆基本知识

一、电力电缆的作用

在金属线芯上进行绝缘缠绕，用防护材料进行屏蔽、密封，能够传输电能的特殊导线。主要包括线芯、绝缘、防护、密封。电力电缆品种很多。中低压电缆（一般指35kV及以下）有黏性浸渍纸绝缘电缆、不滴流电缆、塑料绝缘电缆、橡皮绝缘电缆等；高压电缆（一般指110kV以上）有橡塑绝缘电力电缆、自容式充油电缆、钢管充油电缆等。另外低温电缆和超导电缆也正在研制中。

塑料绝缘电力电缆没有敷设落差的限制，且加工方便、维护简便。其中聚氯乙烯电缆常用到6~10kV，它价格低廉、耐酸耐碱，但介质损耗大、允许工作温度较低（60~70℃以下）、耐老化性能差。在更高电压的塑料电缆，采用交联聚乙烯，由于制造过程中经过交联，线状分子结构变成了网状，既保留了聚乙烯原有的优良电气性能，又提高了机械强度和耐热性能，被广泛采用。

另外，电力电缆产品的电压与电力系统电压并不是一个概念。

(1) 电力系统电压：电力系统正常运行时的额定电压，如220V、380V、10kV、35kV、110kV、220kV、500kV等。

(2) 电缆产品电压：标识为$U_0/U(U_m)$，如6/10(12)kV、8.7/10(12) kV、21/35（40.5）kV、26/35（40.5）kV、64/110（126）kV。

其中，U_0表示相电压；U表示线电压；U_m表示设备可承受的"最高系统电压"的最大值（最高电压）。

二、电力电缆的分类

按照电压等级分类如下：
(1) 低压电力电缆，3kV及以下；
(2) 中压电力电缆，6~35kV；
(3) 高压电力电缆，66~110kV；
(4) 超高压电力电缆，220~500kV；
(5) 特高压电力电缆，750kV、1000kV。

按照绝缘材料划分电缆类型如下：
(1) 交联聚乙烯绝缘电缆；
(2) 聚氯乙烯（PVC）绝缘电缆；
(3) 聚乙烯（PE）绝缘电缆；
(4) 橡胶绝缘电缆；
(5) 黏性油纸绝缘电缆；
(6) 不滴流油纸绝缘电缆；
(7) 充油电缆；
(8) 充气电缆。

三、电力电缆的基本结构

(一) 线芯

(1) 作用是用来传输电能，常用材料为铜、铝。

(2) 截面积（计量单位为 mm^2）：为了便于制造和使用电缆的截面采取标准系列规格，我国的规定是 2.5、4、6、10、16、25、35、50、70、95、120、150、185、240、300、400、500、630、800、1000、1200、1400、1600、2000、2500 等。

(3) 线芯结构：采取多根细丝绞合成束，之后经过模具进行压紧，使紧压系数从 0.73 提高到 0.9 以上，有利于进行压接连接。

(4) 电缆导体电阻：导体本身具有电阻，通过电流时会发热，其温升数值是限制电缆载流量的关键因素。

电缆线芯外观如图 11-1 所示，电缆实物外观分解图如图 11-2 所示。

图 11-1 电缆线芯外观图

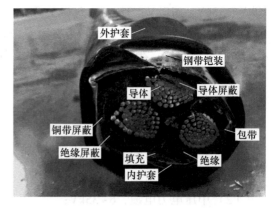

图 11-2 电缆实物外观分解图

(二) 导体屏蔽层

(1) 导体屏蔽层(也称内屏蔽层、内半导电层)是挤包在电缆导体上的非金属层,与导体等电位,体积电阻率为100~1000Ω·m(与导体等电位)。

(2) 一般情况3kV及以下低压电缆没有导体屏蔽层,6kV及以上的中高压电缆都必须有导体屏蔽层。

(3) 导体屏蔽层主要作用包括:消除导体表面的坑洼不平;消除导体表面的尖端效应;消除导体与绝缘之间的孔隙;使导体与绝缘之间紧密地接触;改善导体周边的电场分布;对于交联电缆导体屏蔽层还具有抑制电树生长和热屏蔽作用。

(三) 绝缘层

(1) 电缆绝缘层(也称主绝缘)具有耐受系统电压的特定功能,在电缆使用寿命周期内,要长期承受额定电压和系统故障时的过电压,雷电冲击电压,保证在工作发热状态下不发生相对的或相间的击穿短路。因此主绝缘材料是电缆的质量关键。

(2) 交联聚乙烯是一种良好的绝缘材料,现在得到广泛的应用,其颜色为青白色半透明。其特性是:较高的绝缘电阻;能够耐受较高的工频、脉冲电场击穿强度;较低的介质损失角正切值;化学性能稳定;耐热性能好,长期允许运行温度90℃;良好的机械性能,易于加工和工艺处理。

(四) 绝缘屏蔽层

(1) 绝缘屏蔽层(也称外屏蔽层、外半导电层)是挤包在电缆主绝缘上的非金属层,其材料也是交联材料,具有半导电的性质,体积电阻率为500~1000Ω·m(与接地保护等电位)。

(2) 一般情况3kV及以下低压电缆没有绝缘屏蔽层,6kV及以上的中高压电缆都必须有绝缘屏蔽层。

(3) 绝缘屏蔽层的作用包括:电缆主绝缘与接地金属屏蔽之间的过渡,使之有紧密的接触,消除绝缘与接地导体之间的孔隙;消除接地铜带表面的尖端效应;改善绝缘表面周边的电场分布。

(4) 绝缘屏蔽按照工艺分为可剥离型和不可剥离型,一般中压电缆,35kV及以下采用可剥离型,好的可剥离绝缘屏蔽具有良好的附着力,剥离后没有半导电颗粒残留。110kV及以上采用不可剥离型。不可剥离型屏蔽层与主绝缘的结合更紧密,施工工艺要求更高。

(五) 金属屏蔽层

(1) 金属屏蔽层包裹在绝缘屏蔽层外,金属屏蔽层一般采用铜带或铜丝,它是将电场限制在电缆内部,保护人身安全的关键结构,也是保护电缆免受外界电气干扰的接地屏蔽层。

(2) 在系统发生接地或短路故障时，金属屏蔽层是短路接地电流的通道，其截面积应根据系统短路容量、中性点接地方式计算确定，一般 10kV 系统计算屏蔽层截面积推荐不小于 25mm²。

(3) 在 110kV 及以上电缆线路中金属屏蔽层是由金属护套构成，既有电场屏蔽作用还有防水密封功能，同时还兼有机械保护功能。

(4) 金属护套的材料和结构一般采用波纹铝护套；波纹铜护套；波纹不锈钢护套；铅护套等。另外有一种复合护套，是采用铝箔贴在 PVC、PE 护套内的结构，在欧美的产品中使用较多。

（六）铠装层

(1) 在内衬层外缠绕有金属铠装层，一般采用双层镀锌钢带铠装。其作用是保护电缆内部，防止在施工、运行过程中机械外力对电缆的损伤，也兼有接地防护的作用。

(2) 铠装层有多种结构（如钢丝铠装、不锈钢铠装、非金属铠装等），用于特殊电缆结构。

（七）外护套

(1) 外护套是电缆最外边的保护，一般采用聚氯乙烯（PVC）、聚乙烯（PE），这两种材料都是绝缘材料，采用挤包成形。按照技术要求，一般采用的是阻燃聚氯乙烯（PVC）。外护套适应冬季寒冷和夏季炎热的要求，不开裂，不软化。

(2) 外护套主要的作用是密封防止水分侵入，保护铠装层不受腐蚀，防止电缆故障引发的火灾扩大。

(3) 在外护套上还打印有电缆的特性信息，如规格、型号、生产年份、制造厂、连续计米长度等。

常用中低压电力电缆如图 11-3 所示，高压电力电缆如图 11-4 所示。

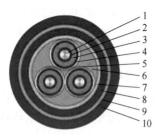

图 11-3 中低压电力电缆
1—导体；2—导体屏蔽；3—绝缘；4—绝缘屏蔽；
5—钢带屏蔽；6—填充；7—包带；8—内护套；
9—钢带铠装；10—外护套

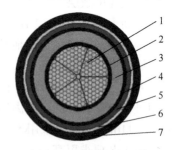

图 11-4 高压电力电缆
1—分割结构钢导体；2—导体屏蔽；3—交联聚乙烯绝缘；4—绝缘屏蔽；5—纵向阻水缓冲层；
6—皱纹铝护套；7—聚氯乙烯或聚乙烯护套

第二节 电力电缆常规试验

一、电缆绝缘电阻试验

（一）试验目的

通过对主绝缘电阻的测试可初步判断电缆绝缘是否有受潮、老化、脏污、局部缺陷，以及由耐压试验检验出的缺陷。对橡塑绝缘电力电缆而言，通过电缆外护套和电缆内衬层绝缘电阻的测试，可以判断外护套和内衬层是否进水。

（二）试验准备

（1）了解被试设备的情况及现场试验条件查阅相关技术资料，包括历年试验数据及相关规程，掌握设备运行及缺陷情况。

（2）测试仪器、设备的准备选择合适的绝缘电阻表、安全帽、安全围栏、标示牌等。办理工作票并做好试验现场安全和技术措施。

（3）向试验人员交代工作内容、现场安全措施、现场作业危险点等，明确人员分工及试验程序。

（三）试验步骤及方法

（1）将电缆两端的线路接地开关拉开，对电缆进行充分放电。

（2）电缆对侧三相全部悬空，将测量线一端接绝缘电阻表 L 端，另一端接绝缘杆，绝缘电阻表 E 端接地。

（3）通知对侧试验人员准备开始试验，试验人员驱动绝缘电阻表达额定转速后，将绝缘杆搭接电缆 U 相，待绝缘电阻表指针稳定后读取 1min 绝缘电阻值并记录。完毕后，将绝缘杆脱离电缆 U 相，再停止绝缘电阻表转动，并对 U 相进行放电。

（四）操作过程

（1）先用放电棒分别对被试变压器各侧绕组接线端子放电并接地。

（2）将绝缘电阻表放置在合适位置，并水平放稳，对绝缘电阻表进行接地短路、空载试验，确定绝缘电阻表合格。

选择合适位置放置数字高压绝缘电阻表，将绝缘电阻表的接地端 E 接变压器外壳接地点，绝缘电阻表高压端 L 和屏蔽 G 分别接在表的相应位置，按压"电源开关"，打开绝缘电阻表电源，按压"电压选择"键，选择合适电压，将高压端 L 与接地端 E 短接，按压"启动（停止）"键，此时绝缘电阻表为"零"；断开高压端 L 与接地端 E，绝缘电阻表电阻超过 200GΩ，说明绝缘电阻表正常，按"启动（停止）"键，并关闭绝缘电阻表。

（3）进行接线。

(4) 接线完毕，请负责人复查接线，在取得负责人同意后，取下放电棒，准备测量绝缘电阻。

(5) 操作员应站在绝缘垫上进行测试，测试前进行必要的呼唱，绝缘电阻表启动后，试验人员，应注意认真观察表计，并将手放置在绝缘电阻表电源附近，随时警戒异常情况发生。按压绝缘电阻表"电源开关"键，打开绝缘电阻表电源，按压"电压选择"键，选择合适电压，按压"启动（停止）"键，开始测量绝缘电阻。

(6) 在试验过程中，试验人员仔细观察绝缘电阻表的指针指示或数值变化情况，到 15s 和 60s 时，读出绝缘电阻表的测量数值。需要测量极化指数时，还应读出 10min 时的绝缘电阻值。数字高压绝缘电阻表，在测量过程中，可以直接看到仪表所显示的不同时间的测量数据。当测量满 1min 时，仪器会自动显示吸收比的结果，满 10min 时，显示极化指数的结果。

(7) 试验结束后，由于绝缘电阻表带自放电功能，可直接按压"启动（停止）"键，关闭高压输出。按压"电源开关"键关闭绝缘电阻表电源。用放电棒对低压绕组放电并接地后，取下高压端 L。

(8) 按上述操作步骤用同样的方法测量变压器其他绕组的绝缘电阻、吸收比或极化指数。

(9) 记录变压器的上层油温、环境温度、湿度、气象条件，试验日期，试验人员姓名及使用仪表型号、编号等。

(10) 全部工作结束后，试验人员应拆除自装的接地短路线，并对被试变压器进行检查，恢复试验前状态。经试验负责人复查后，进行清扫，整理现场，向工作负责人交代试验项目、发现问题、试验结果等，工作方告结束。

（五）数据分析及判断

1.《电气装置安装工程电气设备交接试验标准》（GB 50150—2016）

(1) 耐压试验前后，绝缘电阻测量应无明显变化。

(2) 橡塑电缆外护套、内衬层的绝缘电阻不应低于 0.5MΩ/km。

(3) 测量绝缘电阻用兆欧表的额定电压等级，应符合下列规定：

1) 电缆绝缘测量宜采用 2500V 兆欧表，6/6kV 及以上电缆也可用 5000V 兆欧表；

2) 橡塑电缆外护套、内衬层的测量宜采用 500V 兆欧表。

2.《输变电设备状态检修试验规程》（Q/GDW 1168—2013）

用 5000V 兆欧表测量。绝缘电阻与上次相比不应有显著下降，否则应做进一步分析，必要时进行诊断性试验。

电缆绝缘电阻试验标准见表 11-1。

3. 国家电网公司变电检测管理规定

无要求。

表 11-1 电缆绝缘电阻试验标准

例行试验项目	基准周期	要　　求
主绝缘电阻	(1) ≥110 (66) kV 时：3 年； (2) ≤35kV：4 年	无显著变化（注意值）

（六）注意事项

（1）当电缆线路感应电压超过绝缘电阻表输出电压时，应选用电压等级输出更高的绝缘电阻表。

（2）测量过程中，应保持通信正常，对测试验人员必须听从试验负责人指挥。

（3）绝缘电阻测试过程应有明显充电现象，给予足够的充电时间，待绝缘电阻表完全稳定后方可读数。

二、电缆直流耐压和泄漏电流测试

（一）试验目的

电力电缆在电力系统使用广泛，它的绝缘状况直接影响电网安全运行。其中，绝缘电阻的测量是检查电缆绝缘最简单的办法；直流泄漏电流试验可灵敏地反映电缆绝缘受潮与劣化的状况，而直流耐压试验比交流耐压试验更容易发现电缆局部缺陷。

（二）试验准备

（1）了解被试设备的情况及现场试验条件。查阅相关技术资料，包括历年试验数据及相关规程，掌握设备运行及缺陷情况。

（2）测试仪器、设备的准备。选择合适的测试仪器、安全带、安全帽、安全围栏、标示牌等。

（3）办理工作票并做好试验现场安全和技术措施。向试验人员交代工作内容、现场安全措施、现场作业危险点等，明确人员分工及试验程序。

（三）试验步骤及方法

（1）对电缆进行充分放电，拆除电缆两侧终端头与其他设备的连接线。

（2）选择合适的接线方式，将直流高压发生器高压端引出线与电缆被试相连接，加压相对地应有足够距离。电缆金属铠甲及铅护套和非试验相可靠接地。检查各试验设备的位置、量程是否合适，调压器指示在零位，所以接线应正确无误。

（3）合上电源开关开始升压，应从足够低的数值开始缓慢地升高电压。直流耐压试验和泄漏电流测试一般结合起来进行，在直流耐压过程中随着电压升高，分段读取泄漏电流值，最后进行直流耐压试验。试验时，试验电压可分为

4~6个阶段均匀升压,每阶段停留1min,打开微安表短路开关读取各点泄漏电流值。从试验电压值的75%开始,应以每秒2%的速度升到试验电压值,持续相应耐压时间。

(4) 试验结束后,应迅速均匀的降低电压,不可突然切断电源。调压器退到0时切断电源,等电缆上的电压降到1/2试验电压后进行放电。试验完毕后,需经放电棒放电电阻放电,多次放电至无火花时,再直接通过地线放电接地。

(四) 操作过程

图11-5为对电缆直流耐压和泄漏电流测试的直流高压发生器。

图11-5 测试10kV电缆直流高压发生器

(1) 打开直发器电源开关。

(2) 在"电压粗调"和"电压细调"均在零位时,按"高压通";旋转"电压粗调"将微安表上电流粗调至900μA,之后旋转"电压细调"至微安表上电流为1000μA;记录直发器上的电压值,即为U_{1mA}。

(3) 按$0.75U_{1mA}$按钮,读取此时微安表的数值,即为$0.75U_{1mA}$下泄漏电流(调压时,要注意看直发器上的电压和微安表上的电流值,调压不能太快)。

(4) 旋转"电压粗调"快速降压至零位,之后旋转"电压细调"至零位,待直发器上电压显示小于1kV时,按"高压断",之后关闭电源开关。

(五) 数据分析及判断

1. 测试标准及要求

直流耐压试验标准与队有关,测试中不但要考虑相间绝缘,还要考虑相对地绝缘是否合乎要求,以免损伤电缆绝缘。特别注意U_0/U的值。10kV电缆额定电压分为6kV/10kV和8.7kV/10kV,35kV电缆额定电压分为21kV/35kV和26kV/35kV等。耐压15min或5min时的泄漏电流值不应大于耐压1min时的泄漏电流值。

2. 测试结果分析

试验期间出现电流急剧增加,甚至直流高压发生器的保护装置跳闸,被试电缆不能再次耐受规定电压,可认为被试电缆已击穿。出现泄漏电流很不稳定,泄漏电流随试验电压升高急剧上升,泄漏电流随试验时间延长有上升现象,则电缆绝缘可能有缺陷。测试结果不仅看试验数据合格与否,还要注意数值变化速率和变化趋势。在一定测试电压下,泄漏电流作周期性摆动,说明电缆存在局部孔隙性缺陷或电缆终端头脏污滑闪。如果泄漏电流的三相不平衡系数较大,应检查电缆相间及对地距离是否满足要求;如果电流在升压的每一阶段不随时间下降反而上升,说明电缆整体受潮。泄漏电流值随时间的延长有上升现象,是绝缘缺陷发展的迹象。绝缘良好的电缆在试验电压下稳态泄漏电流值随时间的延长保持不变,电压稳定后应略有下降。如果所测泄漏电流值随试验电压值的升高或加压时间的增加而上升较快,或与相同类型电缆比较数值增大较多或与历史数据比较呈明显上升趋势,应检查接线和试验方法,综合分析后,判断被试电缆是否继续运行。

(六) 注意事项

(1) 试验宜在干燥的天气条件下进行,脏污时应将电缆头擦净,以减少泄漏电流。温度对泄漏电流测试结果影响较为显著,环境温度不低于5℃,湿度不高于80%。

(2) 试验场地保持清洁,电缆终端头与周围的物体有足够的放电安全距离,防止被试品的杂散电流对试验结果产生影响。

(3) 电缆直流耐压和泄漏电流测试应在绝缘电阻和其他测试项目测试合格后进行。

(4) 高压微安电流表应固定牢固,注意倍率选择和固定支撑物的影响。

(5) 试验设备布置紧凑,直流高压端及引线与周围接地体保持足够的安全距离,与直流高压端邻近的易感应电荷的设备均应可靠接地。

第三节 典型案例分析

以下对某66kV变电站66kV某线电缆缺陷进行分析。

一、案例简介

2015年,变电检修室进行某66kV变电站66kV某线电缆外护套绝缘电阻试验过程中,当打开变电站内的电缆接地点后进行测量时,发现该电缆外护套绝缘为0MΩ,通知送电单位,由送电单位配合对电缆进行检查,在该电缆的电缆井中间外护套接头箱发现,该接头箱是完全接地箱,所以绝缘电阻为0MΩ。

二、原因分析

正常 66kV 单相电缆只允许一点完全直接接地，为了以后维护工作方便，一般该接地点往往都在变电站内。可是某线电缆的直接接地点没有在变电站内，而在电缆井内，是造成这次绝缘低的假象。如果该问题不改正，今后再进行试验时，每次都需要对电缆井内进行通风检查有害气体，进行通风，然后在下井进行拆引线、试验，增加人身危害的风险，并且长时间通风时耽误作业时间。

三、暴露问题

（1）安装电缆时设计错误。
（2）交接试验时把关不严。

四、采取措施

已通知相关负责人员，应进行整改，将接地点进行改正。

第十二章 气体绝缘全封闭组合电器（GIS）试验

第一节 GIS 基本知识

一、GIS 的作用

GIS（Gas Insulated Switchgear）是气体绝缘全封闭组合电器的英文简称。它将一座变电站中除变压器以外的一次设备，包括断路器、隔离开关、接地开关、电压互感器、电流互感器、避雷器、母线、电缆终端、进出线套管等，经优化设计有机地组合成一个整体，这些设备或部件全部封闭在金属接地的外壳中，在其内部充有一定压力的 SF_6 绝缘气体，故也称 SF_6 全封闭组合电器。

与常规敞开式变电站相比，GIS 的优点在于结构紧凑、占地面积小、可靠性高、配置灵活、安装方便、安全性强、环境适应能力强，维护工作量小。

GIS 设备自 20 世纪 60 年代实用化以来，已广泛运行于世界各地。GIS 不仅在高压、超高压领域被广泛应用，而且在特高压领域也被使用。

二、GIS 的运行及巡视

（一）运行的基本要求

（1）运行人员经常进入的户内 SF_6 设备室，每班至少通风一次，换气 15min，换气量应大于 3~5 倍的空气体积，抽风口应安装在室内下部；对工作人员不经常出入的设备场所，在进入前应先通风 15min。

（2）运行中 GIS 对于运行、维修人员易触及的部位，在正常情况下，其外壳及构架上的感应电压不应超过 36V。其温升在运行人员易触及的部分不应超过 30K；运行人员易触及但操作时不触及的部分不应超过 40K；运行人员不易触及的个别部位不应超过 65K。

（3）SF_6 开关设备巡视检查，运行人员每天至少一次，无人值班变电所按照省电力公司《无人值班变电所运行导则》规定进行巡视。巡视 SF_6 设备时，主要进行外观检查，设备有无异常，并做好记录。

（二）巡视检查项目

（1）断路器、隔离开关、负荷开关、接地开关的位置指示正确，并与当时实际工况相符。

(2) 现场就地控制柜上各种信号指示、位置指示,控制开关的位置是否正确,是否有信号继电器动作,柜内加热器是否正常。

(3) 通风系统是否正常。

(4) 各种压力表,油位计的指示值是否正常,SF_6 气体、压缩空气有无漏气现象,液压油、电缆油、机油有无漏油现象。

(5) 断路器、负荷开关、避雷器的动作计数器指示值是否正常,避雷器泄漏电流有无变化。

(6) 外部接线端子有无过热情况。

(7) 组合电器内有无异常声音或异味发生。

(8) 外壳、支架等有无锈蚀、损伤,瓷套有无开裂、破损或污秽情况。接地及引线是否完好,各类箱门是否关闭严密。

(9) 各类配管及阀门有无损伤、锈蚀,开闭位置是否正确,管道的绝缘法兰与绝缘支架是否良好。

(10) 压力释放装置防护罩有无异样,其释放出口有无障碍物。

(11) 检查各供气铜管应无裂纹或扭曲、撞瘪现象。

(12) 检查出线带电显示闭锁装置是否指示正确。

(三) 日常维护

(1) 对气动机构三个月或每半年对防尘罩和空气过滤器清扫一次。防尘罩由运行人员处理,空气过滤器由检修人员来做,运行人员应及时做好联系工作。空气储气罐要每周排放一次积水。运行人员负责每二周检查空气压缩机润滑油油位,当油位低于标志线下限时应及时补充润滑油。

做好空气压缩机的累计启动时间和次数记录。空气压缩机寿命一般在 2000h,记录该数据可作为检修的依据。若在短期内空气压缩机频繁起动,说明有内漏,运行人员应及时报检修进行消缺。

(2) 对液压机构应每周打开操动机构箱门检查液压回路有无漏油现象。夏季高温期间,由于国产密封件质量不过关易发生泄漏的,应特别加强定期检查工作。做好油泵累计启动时间记录,平时注意油泵起动次数或打压时间,若出现频繁起动或打压时间超长的情况,需要及时与检修人员联系进行处理。

(3) 定期检查记录,如 SF_6 压力值、液压机构油位、避雷器动作次数等。

(四) 验收项目

(1) GIS 设备应固定牢靠,外表清洁完整,无锈蚀。

(2) 电气连接可靠且接触良好,引线、金具完整,连接牢固。

(3) 各气室气体漏气率和含水量应符合规定。

(4) 组合电器及其传动机构的联动应正常,无卡顿现象,分、合闸指示正确,调试操作时,辅助开关及电气闭锁装置应动作正确可靠。

(5) 各气室配备的密度继电器的报警、闭锁值符合规定,电气回路传动应正确。

(6) 出线套管等瓷质部分应完整无损、表面清洁。

(7) 油漆应完整,相色标识正确,外壳接地良好。

(8) 机构箱、汇控柜内端子及二次回路连接正确,元件完好。

(9) 竣工验收应移交下列资料和文件:

1) 变更设计的证明文件;
2) 制造厂提供的产品说明书、试验记录、合格证件及安装图纸等技术文件;
3) 安装技术记录;
4) 调整试验记录;
5) 备品、备件、专用工具及测试仪器清单。

第二节 GIS 常规试验

GIS 是电力系统电能计量和保护控制的重要设备,其测量精度及运行的可靠性是实现电力系统安全、经济运行的前提。为确保 GIS 运行过程中的安全,根据国家标准、行业标准 GIS 的试验包含以下内容。

(1) 例行试验:

1) 出线端子标志检验;
2) 一次绕组和二次绕组的直流电阻测量;
3) SF_6 气体含水量的测定;
4) 二次绕组工频耐压试验;
5) 绕组段间工频耐压试验;
6) 匝间过电压试验;
7) 绝缘电阻测量;
8) 补气压力下的一次绕组的工频耐压试验;
9) 局部放电测量;
10) SF_6 气体分解物检测;
11) 误差测定;
12) 励磁特性测定;
13) 密封性试验。

(2) 交接试验:

1) SF_6 气体湿度试验及气体的其他检测项目;
2) SF_6 气体泄漏试验;

3）SF_6 密度监视器（包括整定值）检验；

4）压力表校验（或调整），机构操作压力（气压、液压）整定值校验，机械安全阀校验；

5）辅助回路及控制回路绝缘电阻测量；

6）主回路耐压试验；

7）辅助回路及控制回路交流耐压试验；

8）断口间并联电容器的绝缘电阻、电容量和 $\tan\delta$；

9）合闸电阻值和合闸电阻投入时间；

10）断路器的分闸、合闸速度特性（若制造厂家有明确质量保证不必测量速度，则现场试验可免测分闸、合闸速度）；

11）断路器分闸、合闸不同期时间；

12）分闸、合闸电磁铁的动作电压；

13）导电回路电阻测量；

14）分闸、合闸直流电阻测量；

15）测量断路器分闸、合闸线圈的绝缘电阻值；

16）操动机构在分闸、合闸、重合闸下的操作压力（气压、液压）下降值；

17）液（气）压操动机构的泄漏试验；

18）油（气）泵补压及零起打压的运转时间；

19）液压机构及采用差压原理的气动机构的防失压慢分试验；

20）闭锁、防跳跃及防止非全相合闸等辅助控制装置的动作性能；

21）GIS 中的电流互感器、电压互感器和避雷器试验；

22）测量绝缘拉杆的绝缘电阻值；

23）GIS 的联锁和闭锁性能试验。

GIS 现场交接试验是从商品订购收买、运送、设备、投运进程中的一个必要环节，是供货方与需方彼此交接试验，以确保投运后的安全作业，现场交接试验是产品的质量验证，很大程度检测了商品的作业质量。

若 GIS 有进出套管，可利用进出套管注入测量电流进行。若 GIS 接地开关导电杆与外壳绝缘，引到金属外壳的外部后再接地，测量时可将活动接地片打开，利用回路上的两组接地开关导电杆关合到测量回路上进行测量。

各元件的试验原理及方法与敞开式设备相同。

一、GIS 常规试验项目

（一）主回路电阻测量

主回路电阻测量在现场设备后进行，并选用分段测量与全体测量的办法进行。GIS 各元件触摸面的查验，区别在于各对接单元在厂内的技能质量及运送中内部元件是不是松动等反常，查验效果应符合厂家要求值。GIS 在元件安装完成后，在抽真空充 SF_6 之前进行主回路电阻测量。测量主回路电阻可检查主回路中联结和触头接触情况，用直流压降法，测试电流 100A。

现场设备后，主回路的电阻首要取决于触头间的触摸电阻，是反映现场设备质量的首要依据。

（二）绝缘电阻测量

绝缘电阻是反映绝缘性能的重要参数，一般用兆欧表测量。依据测得的绝缘电阻值，可查看出绝缘件是否有贯通性的缺陷，是否全体受潮或贯穿性受潮。

影响绝缘电阻的要素有湿度、温度、外表脏污和受潮程度、被试品剩下电荷、兆欧表的容量等，应依据所测绝缘电阻值并依据实际状况进行剖析。

（三）SF_6 气体水分含量及气密性试验

在对 GIS 充气前应对 SF_6 气瓶内气体进行微水查验及对 10% SF_6 气瓶内气体按国家规范查验，合格后方能注气。如今，现场 SF_6 气体中所含微量水分的查看办法首要有电解法、阻容法和露点法。

在进行水分测量时，不同时间进行测量所得到的效果有明显区别。这是因为内部 SF_6 气体的水分含量是依照指数曲线规律上升的，在充气后 24h 可达到稳定值的 90% 以上。因而 SF_6 气体湿度测量有必要在充气 24h 后进行。对各独立气室进行微水查验标准为：开关气室不大于 $150\mu L/L$，其他的气室不大于 $250\mu L/L$。

现场设备应对密封部位进行密封试验。漏气是六氟化硫断路器的重要缺点，所以其密封性是查核产品的重要参数之一，对确保 GIS 设备的安全作业和人身安全。SF_6 气体的检漏办法分为定性检漏和定量检漏两种，可依据现场实际状况选用适宜的检漏办法。

（四）机械操作及机械特性试验

断路器、隔离开关、接地开关元件设备结束后，应按相应规范进行机械操作试验，并达到相关要求。

断路器的操作试验首先应包含合闸时间、分闸时间、合-分时间、分-合时间、合闸同期性、分闸同期性、合闸速度、分闸速度，以及断路器操动安排的动作特性、闭锁功用及操控回路的绝缘电阻和工频耐压等试验。其间，断路器的分闸时间、合闸时间和分闸速度、合闸速度是直接影响其关合和开断的重要参数。

隔离开关和接地开关主要试验包含分闸时间、合闸时间、操动安排分、合闸线圈的最低动作电压，以及辅助回路和操作回路绝缘电阻测量和工频耐压试验。

（五）交流耐压试验

工频耐压试验是断定电力设备绝缘强度最有用、最直接的办法，对设备能否正常作业具有重要含义，也是确保设备绝缘水平，避免发生事故的最首要的办法。耐压既可将设备中或许存在的活动微粒杂质移动到低电场区域，然后降低乃至消除这些微粒对设备的损害，又可经过放电烧掉细悄然粒或电极上的毛刺、附着的尘土等，以减少对设备的损害。

1. 交流耐压前应将下列设备与 GIS 隔离

工频耐压试验可检测出设备是否存在杂质，试验电压为出厂试验电压的 80%。GIS 的每一新安装部分都应进行耐压试验，同时，对扩建部分进行耐压试验时，相邻设备原有部分应断电并接地。否则，当 GIS 突然击穿时对原有设备带来不良影响。

2. 试验电压加压的方法

试验电压应施加到每相导体与外壳之间，每次一相，其他非试相的导体应与接地的外壳相连，试验电压由进出套管加入，试验过程中应使 GIS 每个部件至少施加一次试验电压。同时为了避免在同一部位多次承受电压而导致绝缘老化，试验电压应尽可能分别由几个部分加。现场一般做相对地交流耐压，如果断路器和隔离开关的断口在运输、安装过程中受到损坏，或已经解体，应做断口交流耐压，耐压值与相对地交流耐压值可取同一数值。若 GIS 整体电容量较大，耐压试验可分段进行。

交流耐压的试验程序 GIS 现场交流耐压的第一阶段是"老炼净化"，其目的是清除 GIS 内部可能存在的导电微粒。这些微粒可能由于安装时带入而清理不净，或是多次操作后产生的金属碎屑和电极表面的毛刺而形成的。"老炼净化"可使可能存在的导电微粒和毛刺消除，使其不再对绝缘起危害作用。"老炼净化"电压值应低于耐压值，时间可取数分钟到数十分钟。第二阶段是耐压试验，即在"老炼净化"过程结束后进行耐压试验，时间为 1min。

3. 现场试验的判断

（1）如果 GIS 的每一个部件均已按选定的完整试验程序耐受规定的试验电压而无击穿放电，则认为整个 GIS 通过试验。

（2）在试验过程中如果发生击穿放电，则应根据放电能量和放电引起的各种声、光、电、化学等各种效应以及耐压过程中进行的其他故障诊断技术所提供的资料进行综合判断。遇到放电情况，可采取下述步骤：

1）施加规定电压，进行重复试验，如果设备或气隔还能经受，则该放电是自恢复放电，如果重复试验电压达到规定电压值和规定时间时，则认为试验通过。如重复试验再次失败按步骤 2）进行；

2）设备解体，打开放电气隔，仔细检查绝缘情况。

采取必要的恢复措施后，再一次进行规定的耐压试验。

（3）若 GIS 分段后进行耐压试验的进出线和间隔较多，而试验过程中发生非自恢复放电或击穿，仅靠人耳的监听以判断故障发生的确切部位将比较困难，且容易发生误判断而浪费人力、物力和对设备造成不必要的损害。目前，国内外一般采用基于监察耐压试验过程中放电产生的冲击波,而引起外壳的振动波的原理研制的故障定位仪,以确定放电间隔。每次耐压试验前,将探头分别安装在被试部分,特别是断路器、隔离开关、母线与各连接部位绝缘子附近的外壳上,进行监听放电的情况。

第十三章 电力设备带电检测

第一节 带电检测基本知识

一、带电检测工作现状

随着电网规模逐年扩大,设备检修试验工作量急剧增加,由设备检修所带来的经济成本、社会成本也日渐突出,传统的设备试验、检测方法已经制约了电网及公司的发展。在国家电网公司推广变电设备带电检测技术及应用以来,各网省公司都积极开展带电检修项目。其中,变电设备的局部放电检测是重要的组成部分。研究表明,内部故障以绝缘性故障为多,往往绝缘性故障的先兆和表现形式为局部放电。常规的试验方法可以检查出贯穿性绝缘缺陷及明显的绝缘缺陷,而且需要在停电情况下进行。因此,采取先进的技术手段及时检测出设备潜伏性隐患的要求越来越迫切。

传统检修模式存在以下缺点:针对性差;存在"小病大治,无病也治"的盲目现象;设备过修失修现象并存。随着电网规模迅速扩大,定期检修工作量剧增,检修人员紧缺、停电安排困难问题日益突出。近年来,设备技术水平和制造质量大幅提升,免维护、少维护设备大量应用,早期制定的设备检修、试验规程滞后于装备水平的进步。

从经济实用的角度出发,如果能有一种设备集成多种功能,从而完成多种设备的局放检查,是非常有意义的,尤其对于各个供电公司的推广应用。电力设备带电检测技术是采用便携式检测仪器,对运行中设备状态量进行现场检测系列技术的统称。带电检测技术突出特点在于可以实现部分输、变、配电设备在运条件下的状态诊断、缺陷部位的精确定位、缺陷程度的定量分析,解决了部分设备运行后没有测试手段的难题,有利于提高设备的可靠性,有利于开展设备状态评价和状态检修。

设备运行在额定电压下,其本体能够表征出"声、光、热、电磁"等特征,这些特征可通过振动、超声波、电磁波、发热、局部放电等状态量来检测;带电检测就是通过检测这些状态量的异动,达到发现设备缺陷的目的,即通过检测信号(振动、超声波、电磁波、发热、局部放电),对设备缺陷(声、光、热、电磁异常)进行诊断检测。

二、带电检测目的及意义

带电检测技术的目的是采用有效的检测手段和分析诊断技术，及时、准确地掌握设备运行状态，保证设备的安全、可靠和经济。此项技术主要为 GIS 的局放检测（超声和超高频检测技术）、变压器的局放检测及定位（超声、超高频、高频）、电缆及端头局放、容性设备高频局放测量、开关柜局放测量（超声、地电波）及红外检测。尤其是超声波检测、暂态地电波局放检测等技术对开关柜内电力设备进行表面、电晕及介质内部局部放电缺陷的检测，及时发现和排除设备内部严重缺陷，有效地消除了设备运行隐患。

状态检测分为在线监测和带电检测两种。

（1）在线监测：运用相关的设备，仪器，常年安装在被监测的设备上，来对被检测设备进行监测。

（2）带电检测：通过特殊的试验仪器，仪表装置，对被测的电气设备进行特殊的检测，用于发现运行的电气设备所存在的潜在性的故障。只检测电气设备在检测时间的运行状态，只做电气检测，不做继保传动检测。

带电检测相比于常规的例行试验具备以下优势。

（1）带电检测是在设备正常运行的情况下检测，不需停电，规避了因停电为用电客户带来声誉和经济上的损失，为电力用户带来了极大的方便。

（2）电力设备运行状态下的安全隐患通过带电检测这一高科技设备与技术得到了解决。老式设备因设备严重老化，无法承受瞬时高压而不能进行停电打压试验，带电检测技术恰好弥补了这一缺陷，使用户对老式设备的运行状态也做到了了如指掌。

（3）带电检测可以依据设备运行状况灵活安排检测周期，便于及时发现设备的隐患，了解隐患的变化趋势等。停电检测必须根据电力用户的实际情况，决定检测时间。

三、带电检测的项目

（一）电容型设备状态检测技术

电容型设备状态检测技术主要包括：

（1）高频局放检测；

（2）相对介质损耗因数；

（3）相对电容量比值；

（4）在线油色谱分析 DGA；

（5）油中腐蚀性硫分析。

同时，采用超声波检测、空间电磁波频谱分析、红外热成像、紫外成像、高速示波器定位及工业内窥镜作为辅助技术。

（二）开关类设备状态检测技术

开关类设备状态检测技术主要包括：

（1）超高频、射频检测、超声波、频谱分析在检测过程中尝试使用了 Pocket-AE 对所采集不同信号依据噪声识别技术进行特征性识别，对信号的特征指数进行判断，从而完成对局放信号的分析；

（2）暂态地电压；

（3）红外热成像检测；

（4）SF_6 气体微水检测、SF_6 气体纯度检测、SF_6 气体有害气体分析等。

（三）高压电缆状态检测技术

高压电缆状态检测技术主要包括：

（1）高频局放检测；

（2）交叉互联电流检测；

（3）电缆光纤测温等技术。

同时，采用超声波检测、空间电磁波频谱分析、高速示波器以及红外热成像作为辅助技术。

（四）配网设备状态检测技术

配网设备状态检测技术主要包括：

（1）OWTS 局放检测；

（2）暂态地电压检测；

（3）超声波等技术。

同时，红外热成像及绝缘测量等作为辅助技术。

第二节　局部放电检测

电力设备的绝缘系统中，只有部分区域发生放电，而没有贯穿施加电压的导体之间，即尚未击穿，这种现象称为局部放电。

局部放电是由于局部电场畸变、局部场强集中，从而导致绝缘介质局部范围内的气体放电或击穿所造成的。它可能发生在导体边上，也可能发生在绝缘体的表面或内部。在绝缘体中的局部放电甚至会腐蚀绝缘材料，并最后导致绝缘击穿。

局部放电是一种脉冲放电，它会在电力设备内部和周围空间产生一系列的光、声、电气和机械的振动等物理现象和化学变化。这些伴随局部放电而产生的各种物理和化学变化可以为监测电力设备内部绝缘状态提供检测信号。

局部放电检测技术分为：

（1）超声检测技术（放电信号频率高于20kHz的声波，但是其衰减很快）；
（2）高频检测技术（放电信号频率在40~300MHz的电磁波）；
（3）特高频检测技术（放电信号频率在300~1.5GHz的电磁波）。

放电信号衰减取决于信号频率、几何形状、物体材料。频率高于20kHz的声波称为超声波，并具有以下特点：

（1）超声波可在气体、液体、固体、固熔体等介质中有效传播；
（2）超声波可传递很强的能量，在传播时，方向性强，能量易于集中；
（3）超声波会产生反射、干涉、叠加和共振现象；
（4）超声波在液体介质中传播时，可在界面上产生强烈的冲击和空化现象。

当高压电气设备内部存在局部放电，在放电过程中，随着放电的发生，伴随着爆裂状的声发射，产生超声波，且很快向四周介质传播。伴随有声波能量的放出，超声波信号以某一速度通过不同介质（隔板、油、SF_6气体等）以球面波的形式向四周传播。但由于超声波频率高其波长较短，因此它的方向性较强，从而它的能量较为集中，容易进行定位。

一、特高频局部放电检测

（一）检测原理

电力设备绝缘体中绝缘强度和击穿场强都很高，当局部放电在很小的范围内发生时，击穿过程很快，将产生很陡的脉冲电流，其上升时间小于1ns，并激发频率高达数吉赫兹（GHz）的电磁波。

局部放电检测特高频法（UHF，Ultra-High-Frequency）于20世纪80年代初期由英国中央电力局（CEGB）实验室提出，其基本原理是通过特高频传感器对电力设备中局部放电时产生的特高频电磁（$300MHz \leq f \leq 3GHz$）信号进行检测，从而获得局部放电的相关信息，实现局部放电监测。

由于现场的晕干扰主要集中在300MHz频段以下，因此特高频法能有效地避开现场的电晕等干扰，具有较高的灵敏度和抗干扰能力，可实现局部放电带电检测、定位以及缺陷类型识别等优点。

特高频检测法基本原理示意图如图13-1所示。

特高频常用的时差定位法中，局部放电源辐射的电磁波信号以近似光速在GIS中传播，根据不同传感器接收到同一放电源的信号时间差计算局部放电源的位置。

其优点为原理简单、运用方便、定位较为准确，缺点为信号的时差在纳秒量级。因此特高频不仅需要测量设备具有很高的采样率和频宽，还要求被测信号的起始脉冲清晰，以读取信号的起始时间。

数据分析信号特征提取、局放信号图谱是判断局部放电类型的主要方法。

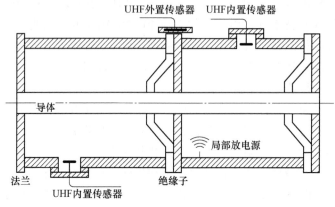

图 13-1 特高频检测法基本原理示意图

(1) 检测时间段：数据采集设备将 1 个 50Hz 周期分成 64 个检测时间段，每个时间段长度约为 312μs。

(2) 峰值俘获：在每一个检测时间段，检测仪的特高频信号峰值俘获电路，都将本时间段内振幅最强的 PD 信号峰值保存起来，并对俘获的信号峰值进行数字化处理；在该 50Hz 周期结束的时候，数据采集设备软件从本 50Hz 周期各个检测时间段俘获的 PD 信号峰值中选取最大者保存，并将此 PD 信号峰值与前面的 50Hz 周期已记录的 PD 信号峰值进行比较，保留其中的最大值。

(3) 局部放电事件：如果一个 PD 信号的峰值超过了系统预设的 PD 阈值，系统就认为测到了一次局部放电，发生了一次局部放电事件。

(4) 局部放电速率：每秒钟发生局部放电事件的次数。本系统自动计算每个检测时间段的局部放电速率，在完成 50 个 50Hz 周期（即 1s）的检测后，系统从所有检测时间段中选取局部放电速率最大者保存。

(二) 特高频局部检测仪的使用

(1) 特高频传感器：耦合器，感应 300MHz~1.5GHz 的特高频无线电信号。

(2) 信号放大器（可选）：某些局放检测仪会包含信号放大器，对来自前端的局放信号做放大处理。

(3) 检测仪器主机：接收、处理耦合器采集到的特高频局部放电信号。

(4) 分析主机（笔记本电脑）：运行局放分析软件，对采集的数据进行处理，识别放电类型，判断放电强度。

在采用特高频法检测局部放电时，典型的操作流程如下：

(1) 设备连接。按照设备接线图 13-2 连接测试仪各部件，将传感器固定在盆式绝缘子上，将检测仪主机及传感器正确接地，电脑、检测仪主机连接电源，开机。

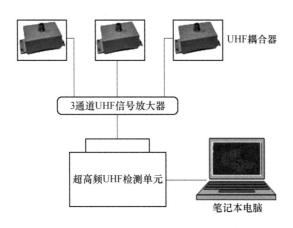

图 13-2 特高频局放检测仪连接示意图

(2) 工况检查。开机后，运行检测软件，检查主机与电脑通信状况、同步状态、相位偏移等参数；进行系统自检，确认各检测通道工作正常。

(3) 设置检测参数。设置变电站名称、检测位置并做好标注。根据现场噪声水平设定各通道信号检测阈值。

(4) 信号检测。打开连接传感器的检测通道，观察检测到的信号。如果发现信号无异常，保存少量数据，退出并改变检测位置继续下一点检测；如果发现信号异常，则延长检测时间并记录多组数据，进入异常诊断流程。必要的情况下，可以接入信号放大器。

(三) 异常局放信号诊断流程

(1) 排除干扰。测试中的干扰可能来自各个方位，干扰源可能存在于电气设备内部或外部空间。在开始测试前，尽可能排除干扰源的存在，比如关闭荧光灯和关闭手机。尽管如此，现场环境中还是有部分干扰信号存在。

(2) 记录数据并给出初步结论。采取降噪措施后，如果异常信号仍然存在，需要记录当前测点的数据，给出一个初步结论，然后检测相邻的位置。

(3) 尝试定位。假如临近位置没有发现该异常信号，就可以确定该信号来自 GIS 内部，可以直接对该信号进行判定。假如附近都能发现该信号，需要对该信号尽可能地定位。放电定位是重要的抗干扰环节，可以通过强度定位法或者借助其他仪器，大概定出信号的来源。如果在 GIS 外部，可以确定是来自其他电气部分的干扰，如果是 GIS 内部，就可以做出异常诊断了。

(4) 对比图谱给出判定。一般的特高频局放检测仪都包含专家分析系统，可以对采集到的信号自动给出判定结果。测试人员可以参考系统的自动判定结果，同时把所测图谱与典型放电图谱进行比较，确定其局部放电的类型。

(5) 保存数据。局部放电类型识别的准确程度取决于经验和数据的不断积累，检测结果和检修结果确定以后，应保留波形和图谱数据，作为今后局部放电类型识别的依据。

（四）典型缺陷图谱分析与诊断

通常在进行 GIS 特高频局放测量时，可能存在：电晕放电、空穴放电、自由金属颗粒放电和悬浮电位放电四种典型的缺陷局放信号，以及雷达噪声、移动电话噪声、荧光噪声和马达噪声四种测试时现场常见的干扰信号图谱。

1. 典型缺陷图谱分析与诊断

（1）电晕放电图谱分析与诊断。放电的极性效应非常明显，通常在工频相位的负半周或正半周出现，放电信号强度较弱且相位分布较宽，放电次数较多。但较高电压等级下另一个半周也可能出现放电信号，幅值更高且相位分布较窄，放电次数较少。

（2）悬浮电位放电图谱分析与诊断。放电信号通常在工频相位的正、负半周均会出现，且具有一定对称性，放电信号幅值很大且相邻放电信号时间间隔基本一致，放电次数少，放电重复率较低。PRPS 图谱具有"内八字"或"外八字"分布特征。

（3）自由金属颗粒放电图谱分析与诊断。局放信号极性效应不明显，任意相位上均有分布，放电次数少，放电幅值无明显规律，放电信号时间间隔不稳定。提高电压等级放电幅值增大但放电间隔降低。

（4）空穴放电图谱分析与诊断。放电信号通常在工频相位的正、负半周均会出现，且具有一定对称性，放电幅值较分散，且放电次数较少。

2. 常见噪声干扰图谱

通常在进行 GIS 特高频局放测量时，可能存在雷达噪声、移动电话噪声、荧光噪声和马达噪声四种常见的干扰信号图谱。

（1）荧光干扰图谱。干扰信号幅值较分散，一般情况下工频相关性弱。

（2）移动电话干扰图谱。干扰信号工频相关性弱，有特定的重复频率，幅值有规律变化。

（3）马达干扰图谱。干扰信号无工频相关性，幅值分布较为分散，重复率低。

（4）雷达干扰图谱。干扰信号有规律重复产生但无工频相关性，幅值有规律变化。

（五）注意事项

1. 安全注意事项

为确保安全生产，特别是确保人身安全，除严格执行电力相关安全标准和安全规定之外，还应注意以下几点：

（1）检测时应勿碰勿动其他带电设备；

（2）防止传感器坠落到 GIS 管道上，避免发生事故；

（3）保证待测设备绝缘良好，以防止低压触电；

（4）在狭小空间中使用传感器时，应尽量避免身体触碰 GIS 管道；

（5）行走中注意脚下，避免踩踏设备管道；

（6）在进行检测时，要防止误碰误动 GIS 其他部件；

（7）在使用传感器进行检测时，应戴绝缘手套，避免手部直接接触传感器金属部件。

2. 测试注意事项

（1）特高频局放检测仪适用于检测盆式绝缘子为非屏蔽状态的 GIS 设备，若 GIS 的盆式绝缘子为屏蔽状态则无法检测。

（2）检测中应将同轴电缆完全展开，避免同轴电缆外皮受到刷蹭损伤。

（3）传感器应与盆式绝缘子紧密接触，且应放置于两根禁锢盆式绝缘子螺栓的中间，以减少螺栓对内部电磁波的屏蔽及传感器与螺栓产生的外部静电干扰。

（4）在测量时应尽可能保证传感器与盆式绝缘子的接触，不要因为传感器移动引起的信号而干扰正确判断。

（5）在检测时应最大限度保持测试周围信号的干净，尽量减少人为制造出的干扰信号，例如手机信号、照相机闪光灯信号、照明灯信号等。

（6）在检测过程中，必须要保证外接电源的频率为 50Hz。

（7）对每个 GIS 间隔进行检测时，在无异常局放信号的情况下只需存储断路器仓盆式绝缘子的三维信号，其他盆式绝缘子必须检测但可不用存储数据。在检测到异常信号时，必须对该间隔每个绝缘盆子进行检测并存储相应的数据。

（8）在开始检测时，不需要加装放大器进行测量。若发现有微弱的异常信号时，可接入放大器将信号放大以方便判断。

二、超声波局部放电检测

（一）检测原理

电力设备内部产生局部放电信号的时候，会产生冲击的振动及声音。超声波法（又称声发射法，AE）通过在设备腔体外壁上安装超声波传感器来测量局部放电信号。该方法的特点是传感器与电力设备的电气回路无任何联系，不受电气方面的干扰，但在现场使用时易受周围环境噪声或设备机械振动的影响。由于超声信号在电力设备常用绝缘材料中的衰减较大，超声波检测法的检测范围有限，但具有定位准确度高的优点。

声波是一种机械振动波。当发生局部放电时，在放电的区域中，分子间产生剧烈的撞击，这种撞击在宏观上表现为一种压力。局部放电是一连串的脉冲形式,所以由此产生的压力波也是脉冲形式的,即产生了声波。它含有各种频率分量,频带很宽,为 $10 \sim 10^7 Hz$ 数量级范围。声音频率超过 20kHz 范围的称为超声波。由于局部放电区域很小,局放源通常可看成点声源。超声法通过不断移动超声传感器,根据信号强弱的变化来判断放电源的位置。利用超声波到达不同传感器的相对时间进行定位。要对放电源进行三维定位,至少需要 4 个以上的传感器接收到有效超声信号。

其优点为与被测设备之间无电气连接、可以避免多种电气干扰,声测法的灵敏度不随被测物电容量而变化,因而声学方法广泛用于大电容器的检测,并且声学方法通常能指出一个复杂系统内 PD 源的位置,定位精度高。缺点为灵敏度低、传播衰减快、测试范围小、判别标准比较困难,对某些类型的放电比较敏感,而对有些类型的放电则检测灵敏度较低。

变压器中,内部深层次放电反应不敏感,定位及诊断对使用者的要求高。如 GIS 中,对于移动中的颗粒,这个方法比传统的局放测量法和 UHF 优越。对检测来自位于绝缘子上颗粒引起的放电时,这个方法还存在一些问题,由于在环氧树脂绝缘中超声信号衰减很大,所以这种方法不能测量环氧树脂绝缘中的缺陷(如气泡)。

超声波检测局部放电基本原理图,如图 13-3 所示。

(二)超声波局放检测仪的使用

Ultra. Probe 9000(UP9000,见图 13-4)可以把接收到的超声波信号转化成可听的声音信号。这种可听的信号可以用耳机收听,也可以储存下来供其他人员使用。UP9000 还可以显示超声波信号的强度,用于保存或比较。一般都把信号的强度作为历史资料保存。

1. 自检

(1)非接触式模块。打开并保持 UP9000 开关,在 40kHz 时耳机应能听到连续的声音,顺时针旋转灵敏度旋钮增加灵敏度/音量直到能够从仪器上读到大约 80dB 的数值。尽管不

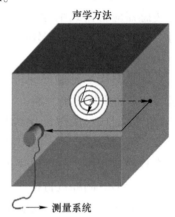

图 13-3 超声波检测局部放电基本原理图

图 13-4 UP9000 设备外观

同的 UP9000 出厂校验时略微不同，但应当高于 80dB，如果不是，仪器应维护或检验。

（2）接触式模块。打开并保持仪器开关，将接触式探头放置在超声发生器的充电点处，耳机中应能听到 20kHz 的连续声音。顺时针旋转灵敏度旋钮增加灵敏度/音量直到仪器显示大约 30dB 的数值。尽管不同的 UP9000 出厂校验时略微不同，但应当高于 30dB，如果不是，仪器应维护或检验。

2. 超声波扫描

（1）非接触模式。将仪器指向开关柜面板或变压器缝隙处。开关柜面板包括断路器和金属封装的缝隙处、电缆或母线窗、母线通风板/盖处的缝隙、开关面板/门处的缝隙、高压电缆接头箱的侧面或底部的通风孔等部位；变压器包括高压端子箱和封装板盖的缝隙、高压端子箱的侧面或底部的通风孔等部位。沿着缝隙扫描以拾取异常信号，依此程序，扫描所有的开关柜或变压器。

（2）接触模式。将接触式探头放置在每一开关柜面板或变压器的中间位置以拾取反常的超声信号。开关柜面板表面包括断路器室、母线通风处的板/盖、开关柜的门、高压电缆端子箱等部位；变压器面板包括高压端子箱和封装板盖等部位。依此程序，扫描所有的开关柜或变压器，每一扫描应持续 10s，以便拾取反常的超声信号，如有必要，延长测试时间。

3. 信号及分析处理

（1）非接触模式。如果某一区域有太多的超声信号，降低灵敏度直到可以决定最大声音的方向。某些干扰声音可能来自水银灯及附近走动的人或运行的机器，隔离这些干扰噪声，需要集中注意力在设备发出的超声上。尽可能地移近测试的区域，连续调整灵敏度以决定声音的来源方向，观察显示面板给出的最高分贝（dB）值，给出最高分贝（dB）值和做大声音的点可能就是声源。降低灵敏度，移动仪器到声源进一步确认，一旦仪器远离声源，超声信号消失。如果很难隔离干扰噪声，将橡胶探头罩在超声扫描探头上继续寻找超声源。

（2）接触模式。如果某一区域有太多的超声信号，降低灵敏度直到可以决定表面最大声音。某些干扰声音可能来自水银灯以及附近走动的人或运行的机器，隔离这些干扰噪声，需要集中注意力在设备发出的超声上。尽可能地移近测试的区域，连续调整灵敏度以决定声音的来源方向，观察显示面板给出的最高分贝（dB）值，给出最高分贝（dB）值和做大声音的点可能就是声源。识别发出最大声音和最大分贝（dB）值的面板，在同一面板上的不同点进行测试。如果隔离噪声很困难，将橡胶探头罩在扫描模块上继续查找超声源。

（三）异常局放信号诊断流程

局部放电超声波检测技术主要应用于组合电器、电缆终端（中间接头）、变压器等设备。根据设备缺陷的不同，局部放电超声波检测技术在进行缺陷分析与诊断时，将设备缺陷分为局放缺陷、电晕缺陷、自由金属微粒缺陷。

（1）局放缺陷。该类缺陷主要由设备内部部件松动引起的悬浮电极（既不接地又不接高压的金属材料）、绝缘内部气隙、绝缘表面污秽等引起的设备内部非贯穿性放电现象，该类缺陷与工频电场具有明显的相关性，是引起设备绝缘击穿的主要威胁，应重点进行检测。

（2）电晕缺陷。该类缺陷主要由设备内部导体毛刺、外壳毛刺等引起，主要表现为导体对周围介质（如 SF_6）的一种单极放电现象，该类缺陷对设备的危害较小，但在过电压作用下仍旧会存在设备击穿隐患，应根据信号幅值大小予以关注。

（3）自由金属微粒缺陷。该类缺陷主要存在于 GIS 中，主要由设备安装过程或开关动作过程产生的金属碎屑而引起。随着设备内部电场的周期性变化，该类金属微粒表现为随机性移动或跳动现象，当微粒在高压导体和低压外壳之间跳动幅度加大时，则存在设备击穿危险，应予以重视。

异常局放信号对比见表 13-1。

表 13-1 异常局放信号对比

参数		局放缺陷	电晕缺陷	自由颗粒缺陷
连续检测模式	有效值	高	较高	高
	周期峰值	高	较高	高
	50Hz 频率相关性	弱	有	有
	100Hz 频率相关性	弱	弱	有
相位检测模式		有规律，一周期波两簇信号，且幅值相当	有规律，一周期波一簇大信号，一簇小信号	无规律
时域波形检测模式		有规律，存在周期性脉冲信号	有规律，存在周期性脉冲信号	有一定规律，存在周期不等的脉冲信号
脉冲检测模式		无规律	无规律	有规律，三角驼峰形状
特征指数检测模式		有规律，波峰位于整数特征值处，且特征指数 1 大于特征指数 2	有规律，波峰位于整数特征值处，且特征指数 2 大于特征指数 1	无规律，波峰位于整数特征值处，且特征指数 2 大于特征指数 1

（四）典型缺陷谱图分析与诊断

局放缺陷典型谱图分析与诊断见表 13-2，电晕缺陷典型谱图分析与诊断见表

13-3，自由金属微粒缺陷典型谱图分析与诊断见表 13-4，背景噪声典型谱图分析与诊断见表 13-5。

表 13-2 局放缺陷典型谱图分析与诊断

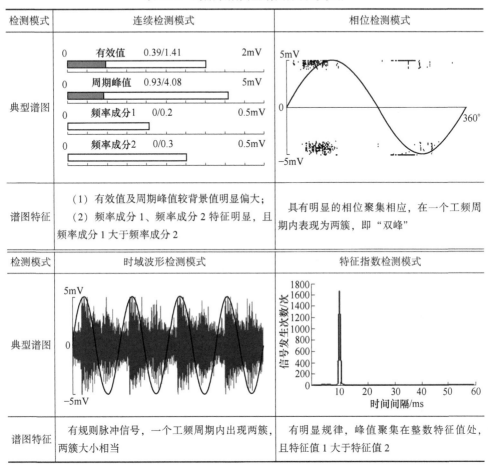

表 13-3 电晕缺陷典型谱图分析与诊断

续表 13-3

检测模式	连续检测模式	相位检测模式
谱图特征	(1) 有效值及周期峰值较背景值明显偏大; (2) 频率成分 1、频率成分 2 特征明显,且频率成分 1 大于频率成分 2	具有明显的相位聚集相应,但在一个工频周期内表现为一簇,即"单峰"
检测模式	时域波形检测模式	特征指数检测模式
典型谱图	（时域波形图，纵轴 -5mV 至 5mV）	（特征指数图，纵轴 0 至 250，横轴 0 至 60ms）
谱图特征	有规则脉冲信号,一个工频周期内出现一簇(或一簇幅值明显较大,一簇明显较小)	有明显规律,峰值聚集在整数特征值处,且特征值 2 大于特征值 1

表 13-4 自由金属微粒缺陷典型谱图分析与诊断

检测模式	连续检测模式	相位检测模式
典型谱图	有效值 0.39/1.68 6mV 周期峰值 0.75/2.92 15mV 频率成分1 0/0 1.5mV 频率成分2 0/0.01 1.5mV	（相位检测图，纵轴 -15mV 至 15mV，横轴 0 至 360°）
谱图特征	(1) 有效值及周期峰值较背景值明显偏大; (2) 频率成分 1、频率成分 2 特征明显	无明显的相位聚集相应,但可发现脉冲幅值较大
检测模式	时域波形检测模式	特征指数检测模式
典型谱图	（时域波形图，纵轴 -15mV 至 15mV）	（特征指数图，纵轴 0 至 30，横轴 0 至 60ms）
谱图特征	有明显脉冲信号,但该脉冲信号与工频电压的关联性小,其出现具有一定随机性	无明显规律,峰值未聚集在整数特征值

表 13-5 背景噪声典型谱图分析与诊断

检测模式	连续检测模式	相位检测模式
典型谱图	有效值 0.28/0.28 2mV 周期峰值 0.88/0.88 5mV 频率成分1 0/0 0.5mV 频率成分2 0/0 0.5mV	(正弦波形，噪声点均匀分布，幅值范围-5mV~5mV，相位0~360°)
谱图特征	(1) 仅有幅值较小的有效值及周期峰值； (2) 频率成分1、频率成分2 几乎为 0	无明显相位特征，脉冲相位分布均匀，无聚集效应
检测模式	时域波形检测模式	特征指数检测模式
典型谱图	(正弦波形，幅值-5mV~5mV，信号均匀)	(信号发生次数随时间间隔/ms变化曲线，峰值约35次)
谱图特征	信号均匀，未见高幅值脉冲	无明显规律，峰值未聚集在整数特征值

（五）注意事项

在站内检测时，一般日光灯会产生超声。在对环境进行检测时，若发现有超生干扰可关闭测试周围所有的灯后，再进行检测。在检测时应最大限度保持测试周围的安静，不要人为地产生噪声，而影响检测的准确度对设备进行超声波检测时，要分别使用接触式和非接触式对设备进行检测。因为当设备内部有异常时，有些情况下只有一种检测方式能检测到。在使用非接触式检测时，应使用 40kHz 的频率；在使用接触式检测时，应使用 20kHz 的频率。现场使用位置见表 13-6。

表 13-6 现场使用位置

设备名称	检测部位	记录描述建议	方法建议	备 注
GIS	GIS 仓室	GIS 本体		有问题时记录具体位置
开关柜	前柜上面板	前上	面板缝隙处	
	前柜中面板	前中	面板缝隙处	
	前柜下面板	前下	面板缝隙处	

续表 13-6

设备名称	检测部位	记录描述建议	方法建议	备注
开关柜	后柜上面板	后上	面板缝隙处	
	后柜中面板	后中	面板缝隙处	
	后柜下面板	后下	面板缝隙处	

大量实践证明,对于交流变压器、电抗器、换流变压器都可以进行局部放电。超声波检测和定位超声波 PD 检测和定位需要注意:

(1) 仔细搜寻疑似放电信号,传感器间距小于 60cm;
(2) 初步判断疑似信号性质,排除干扰;
(3) 继续搜索,寻求最好的信号获取位置;
(4) 观察信号一致性,判断是否存在固定声源;
(5) 初步定位,给出明确坐标,此时传感器坐标测量务必准确;
(6) 对定位点位置进一步检测,获得精确定位结果;
(7) 长时间录波和回放对换流变定位很重要;
(8) 定位数据结合色谱和变压器结构往往能得到正确结论。

第三节 红外测温检测

一、红外测温基础知识

(一) 原理概念

红外热成像测温技术以其远距离,不用停电反映问题直观、测温精准、诊断问题准确高效而成为状态检修工作中的重要组成部分。随着科学技术的高速发展和各行业红外检测工作的广泛开展,红外热像仪已由高精尖的科研仪器逐渐向工具化发展,现在的红外热像仪体积小巧结实,功能齐全实用,操作简单方便,价格也大幅下降,这为更广阔地开展红外测温工作创造了条件。

高压电气设备外部的过热点故障,是由如线夹、刀闸等不良接触引起的发热。高压电气设备内部导流回路故障,是由如断路器内部动静触头、静触头基座及中间触头接触不良、电缆头内部接触不良引起的。高压电气设备内部绝缘故障,是由如 CT、PT、电容器等的整体受损、绝缘老化和局部放电引起的。油浸电气设备缺油故障,是由如主变瓷套内的油位面降低而导致外部温度变化引起的。

电压分布异常和泄漏电流增大故障,是由如避雷器受潮,泄漏电流增大导致的局部发热。其他一些外露或反映到设备外表面的热故障,包括涡流露热、电力机械磨损等。接头连接故障表现形式为接头处温度最高,导线呈温度渐进下降趋势,其故障原因为接头松脱连接过紧接头处氧化腐蚀。

(二)引起导电回路不良连接的主要原因

(1)导电回路连接结构设计不合理。

(2)安装施工不严格,不符合工艺要求,例如:连接件的电接触表面未除净氧化层及其他污垢,焊接质量差,紧固螺母没有拧到位,未加弹簧垫圈,由于长期运行引起弹簧老化,或者由于连接件内被连接的导线不等径等。

(3)导线在风力舞动下或者外界引起的振动等机械力作用下,以及线路周期性加载及环境温度的周期性变化,也会使连接部位周期性冷缩热胀,导致连接松弛。

(4)长期裸露在大气环境中工作,因受雨、雪、雾、有害气体及酸、碱、盐等腐蚀性尘埃的污染和侵蚀,造成接头电接触表面氧化等。

(5)电气设备内部触头表面氧化,多次分合后,在触头间残存有机物或碳化物,触头弹簧断裂或退火老化,或因触头调整不当及分合时电弧的腐蚀与等离子体蒸汽对触头的磨损及烧蚀,造成触头有效接触面积减小等。

刀闸握手和隔离刀闸桩头发热分别如图 13-5 和图 13-6 所示。

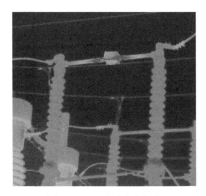
图 13-5 刀闸握手发热

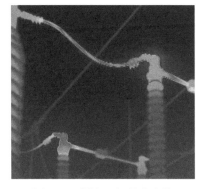
图 13-6 隔离刀闸桩头发热

扫码看彩图

二、电力设备故障红外诊断的基本方法

遵照已有的标准,《带电设备红外诊断应用规范》(DL/T 664—2016)。对显示温度过热的部位按《交流高压电器在长期工作时的发热》(GB/T 11022—2011)中的有关规定进行诊断。

凡温度(或温升)超过标准者可根据设备温度超标的程度、设备负荷率的大小、设备的重要性及设备承受机械应力的大小来确定设备缺陷的性质,对在小负荷率下温升超标或承受机械应力较大的设备要从严定性。

这种方法可判定部分设备的故障情况，对于结构简单的电气设备外部裸露故障（各种高压电器外部接头或出线端子故障）很容易根据其热像确定故障位置、属性和起因，多属于螺栓松动，接触面氧化等引起的接触电阻增大，可根据温升大小确定故障的严重程度。

结构复杂的电气设备故障，单凭热像上的热点很难确定与其相应的故障位置，可采用设备热像与可见光照片合成的方法来辨认故障位置。在记录设备热像的同时，在同检测位置、同方向（或角度）拍摄一幅设备相同部位的可见光照片，将两幅图片通过像素混合器混合（叠加）到一起，得到的热像与可见光照片的合成像，很容易确定相应的故障的位置。

三、诊断依据

电流致热型设备的判断依据详细见《带电设备红外诊断应用规范》（DL/T 664—2016）附录 A。电压致热型设备的判断依据可参考《带电设备红外诊断应用规范》（DL/T 664—2016）附录 B。

综合致热型设备的判断，当缺陷是由两种或两种以上因素引起的，应综合判断缺陷性质。对于磁场和漏磁引起的过热可依据电流致热型设备的判据进行处理。

（一）电流型致热性设备缺陷诊判

1. 电气设备与金属部件的连接

接头和线夹以线夹和接头为中心的热像，热点明显。

故障特征：接触不良。

缺陷性质：

（1）一般缺陷，温差不超过 15K，未达到严重缺陷的要求；

（2）严重缺陷，热点温度大于 80℃，或 $\delta \geq 80\%$；

（3）危急缺陷，热点温度大于 110℃，或 $\delta \geq 95\%$。

电流互感器接头发热如图 13-7 所示。

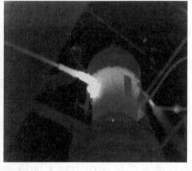

图 13-7　电流互感器接头发热

扫码看彩图

2. 金属部件与金属部件的连接

接头和线夹。以线夹和接头为中心的热相,热点明显。

故障特征:接触不良。

缺陷性质:

(1) 一般缺陷,温差不超过 15K,未达到重要缺陷的要求;

(2) 严重缺陷,热点温度大于 80℃,或 $\delta \geqslant 80\%$;

(3) 危急缺陷,热点温度大于 110℃,或 $\delta \geqslant 95\%$。

220kV 线夹发热、接触不良现象如图 13-8 所示。

图 13-8　220kV 线夹发热、接触不良

扫码看彩图

3. 金属导线

以导线为中心的热相,热点明显。

故障特征:松股、断股、老化或截面积不够。

缺陷性质:

(1) 一般缺陷,温差不超过 15K,未达到重要缺陷的要求;

(2) 严重缺陷,热点温度大于 90℃,或 $\delta \geqslant 80\%$;

(3) 危急缺陷,热点温度大于 130℃,或 $\delta \geqslant 95\%$。

4. 输电导线的连接器

耐张线夹、接线管、修补管并沟线夹、跳线线夹、T 形线夹、设备线夹等。以线夹和接头为中心的热像,热点明显。

故障特征:接触不良。

缺陷性质:

(1) 一般缺陷,温差不超过 15K,未达到重要缺陷的要求;

(2) 严重缺陷,热点温度大于 90℃,或 $\delta \geqslant 80\%$;

(3) 危急缺陷,热点温度大于 130℃,或 $\delta \geqslant 95\%$。

500kV 线夹发热、接触不良现象如图 13-9 所示。

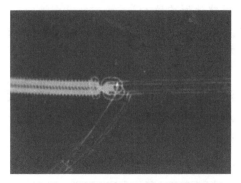

图 13-9　500kV 线夹发热、接触不良　　扫码看彩图

5. 隔离开关：

转头：以转头为中心的热像。

故障特征：转头接触不良或断股。

缺陷性质：

(1) 一般缺陷，温差不超过 15K，未达到严重缺陷的要求；

(2) 严重缺陷，热点温度大于 90℃，或 $\delta \geqslant 80\%$；

(3) 危急缺陷，热点温度大于 130℃，或 $\delta \geqslant 95\%$。

隔离开关内转头发热、接触不良现象如图 13-10 所示。

图 13-10　隔离开关内转头发热、接触不良　　扫码看彩图

6. 隔离开关

刀口：以刀口压接弹簧为中心的热像。

故障特征：弹簧接触。

缺陷性质：

(1) 一般缺陷，温差不超过 15K，未达到重要缺陷的要求；

(2) 严重缺陷，热点温度大于 90℃，或 $\delta \geqslant 80\%$；

（3）危急缺陷，热点温度大于130℃，或δ≥95%。

隔离开关刀口发热、接触不良现象如图13-11所示。

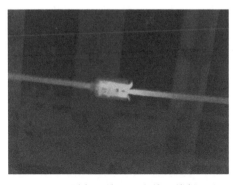

图13-11 隔离开关刀口发热、接触不良

扫码看彩图

7. 断路器

动静触头：以顶帽和下法兰为中心的热像，顶帽的温度大于下法兰温度。

故障特征：压指压接不良。

缺陷性质：

（1）一般缺陷，温差不超过10K，未达到重要缺陷的要求；

（2）严重缺陷，热点温度大于55℃，或δ≥80%；

（3）危急缺陷，热点温度大于80℃，或δ≥95%。

断路器内静触头和断路器触头发热现象分别如图13-12和图13-13所示。

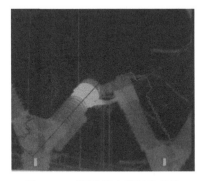

图13-12 断路器内静触头发热

图13-13 断路器触头发热

扫码看彩图

8. 断路器

中间触头：以下法兰和顶帽为中心的热像，下法兰温度大于顶帽的温度。

故障特征：压指压接不良。

缺陷性质：

（1）一般缺陷，温差不超过 10K，未达到重要缺陷的要求；

（2）严重缺陷，热点温度大于 55℃，或 $\delta \geqslant 80\%$；

（3）危急缺陷，热点温度大于 80℃，或 $\delta \geqslant 95\%$。

断路器中间触头发热、接触不良现象如图 13-14 所示。

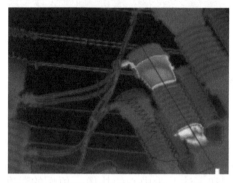

图 13-14　断路器中间触头发热、接触不良　　　扫码看彩图

9. 电流互感器

内连接：以串联、并联出线或大螺杆出线夹为最高温度的热像或以顶部铁帽发热为特征。

故障特征：螺杆接触不良。

缺陷性质：

（1）一般缺陷，温差不超过 10K，未达到重要缺陷的要求；

（2）严重缺陷，热点温度大于 55℃，或 $\delta \geqslant 80\%$；

（3）危急缺陷，热点温度大于 80℃，或 $\delta \geqslant 95\%$。

互感器内接头发热现象如图 13-15 所示。

图 13-15　互感器内接头发热　　　扫码看彩图

10. 套管

柱头：以套管顶部为最热的热像。

故障特征：柱头内部并线压接不良。

缺陷性质：

(1) 一般缺陷，温差不超过 10K，未达到重要缺陷的要求；

(2) 严重缺陷，热点温度大于 55℃，或 $\delta \geqslant 80\%$；

(3) 危急缺陷，热点温度大于 80℃，或 $\delta \geqslant 95\%$。

变压器套管、发热套管缺油及柱头发热现象如图 13-16 所示，套管柱头发热内连接接触不良现象如图 13-17 所示。

图 13-16　变压器套管、发热套管缺油及柱头发热　　图 13-17　套管柱头发热内连接接触不良　　扫码看彩图

11. 电容器

熔丝、熔丝座：以熔丝中部靠电容器侧为最热的热像、以熔丝座为最热的热像。

故障特征：熔丝容量不够。

缺陷性质：

(1) 一般缺陷，温差不超过 10K，未达到重要缺陷的要求；

(2) 严重缺陷，热点温度大于 55℃，或 $\delta \geqslant 80\%$；

(3) 危急缺陷，热点温度大于 80℃，或 $\delta \geqslant 95\%$。

电容器熔丝发热现象如图 13-18 所示。

图 13-18　电容器熔丝发热　　扫码看彩图

(二)电压型致热性设备缺陷诊判

1. 电流互感器:10kV 浇注式

以本体为中心整体发热。

故障特征:铁心短路或局部放电增大。

温差:4K。

电流互感器:油浸式。

以瓷套整体温升增大,套管上部温度偏高。

故障特征:介质损耗偏大。

温差:2~3K。

建议:进行介质损耗、油色谱、油中含水检测。

互感器 B 相介质损耗偏高发热现象如图 13-19 所示。

图 13-19 互感器 B 相介质损耗偏高发热

扫码看彩图

2. 电压互感器:10kV 浇注式

以本体为中心整体发热。

故障特征:铁心短路或局部放电增大。

温差:4K。

建议:进行特性或局部放电量试验。

3. 电压互感器:油浸式

以整体温升偏高,且中上部温度高。

故障特征:介质损耗偏大匝间短路或铁心损耗增大。

温差:2~3K。

建议:进行介质损耗、空载、油色谱及油中含水量测量。

4. 耦合电容器:油浸式

以整体温升偏高或局部过热且发热符合自上而下逐步的递减规律。

故障特征:介质损耗偏大、电容量变化、老化或局部放电。

温差:2~3K。

建议：进行介质损耗测量。

耦合电容器电容量减少 10%（引起发热）现象如图 13-20 所示，耦合电容器介质损耗超标（发热）现象如图 13-21 所示，耦合电容器介质损耗偏大发热现象如图 13-22 所示，下节断路器并联电容器发热现象如图 13-23 所示。

 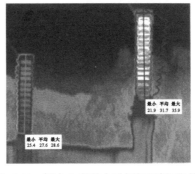

图 13-20　耦合电容器电容量　　图 13-21　耦合电容器介质损耗超标(发热)　扫码看彩图
　　减少 10%(引起发热)

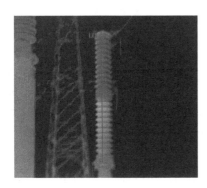 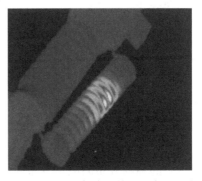

图 13-22　耦合电容器介质损耗偏大发热　图 13-23　下节断路器并联电容器发热　　扫码看彩图

5. 充油套管：瓷瓶式

热像特征是以油面处为最高温度的热像，油面有明显的水平分界线。

故障特征：缺油。

变压器套管缺油发暗及触头发热现象如图 13-24 所示，变压器套管缺油现象如图 13-25 所示。

6. 氧化锌避雷器

正常为整体轻微发热，较热点一般在靠近上部且不均匀，多节组合从上到下各节温度递减，引起整体发热或局部发热为异常。

故障特征：阀片受潮或老化。

温差：0.5~1K。

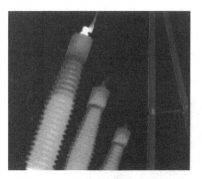 

图 13-24　变压器套管缺油发暗及触头发热　　图 13-25　变压器套管缺油　　扫码看彩图

建议：进行直流和交流试验。

110kV、220kV 氧化锌避雷器发热现象分别如图 13-26 和图 13-27 所示。

图 13-26　110kV 氧化锌避雷器发热　　图 13-27　220kV 氧化锌避雷器发热　　扫码看彩图

7. 瓷瓶绝缘子

正常绝缘子串的温度分布同电压分布规律，即呈现不对称的马鞍型，相邻绝缘子温差很小，以铁帽为发热中心的热像图，其比正常绝缘子温度高。

故障特征：低值绝缘子发热（绝缘电阻在 10~300MΩ）。

瓷绝缘子低值（发热）现象如图 13-28 所示。

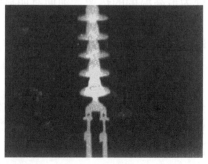

图 13-28　瓷绝缘子低值（发热）　　扫码看彩图

8. 瓷绝缘子

发热温度比正常绝缘子要低,热像特征与绝缘子相比,呈暗色调。

故障特征:零值绝缘子发热(绝缘电阻在 0~10MΩ);其热像特征是以瓷盘(或玻璃盘)为发热区的热像。

瓷绝缘子发热现象如图 13-29 所示。

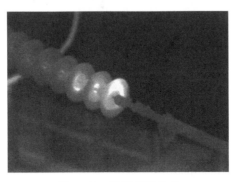

图 13-29 瓷绝缘子发热

扫码看彩图

9. 合成绝缘子

在绝缘良好和绝缘劣化结合处出现局部过热,随着时间延长,过热部位会位移。

故障特征:伞裙破损或芯棒受潮。

温差:0.5~1K。

合成绝缘子发热现象如图 13-30 所示。

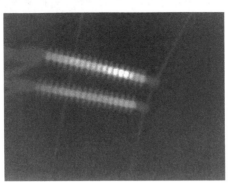

图 13-30 合成绝缘子发热

扫码看彩图

10. 电缆终端

以整个电缆头为中心的热像。

故障特征:电缆头受潮、劣化或气隙。

温差：0.5~1K。

图 13-31 为电缆护套受潮，发热。

图 13-31　电缆终端发热

扫码看彩图

11. 电缆终端

以护层接地连接为中心的发热。

故障特征：接地不良。

温差：5~10K。

电缆屏蔽层发热（电场不均匀）现象如图 13-32 所示。

图 13-32　电缆屏蔽层发热（电场不均匀）

扫码看彩图

12. 电缆终端

伞裙局部区域过热。

故障特征：内部可能有局部放电。

温差：0.5~1K。

电缆头包接不良（发热）现象如图 13-33 所示。

四、缺陷类型的确定及处理方法

一般缺陷指设备存在过热，有一定温差，温差场有一定梯度，但不会引起事

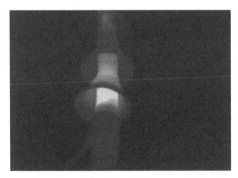

图 13-33　电缆头包接不良（发热）　　扫码看彩图

故的缺陷。这类缺陷一般要求记录在案，注意观察其缺陷的发展，利用停电机会检修，有计划地安排试验检修消除。当发热点温升值小于 15K 时，不宜采用规定中确定设备缺陷的性质。对于负荷率小，温升小但相对温差大的设备，如果负荷有条件或机会改变时，可在增大负荷电流后进行复测，以确定设备缺陷性质，当无法改变时，可暂定为一般缺陷，加强监视。

严重缺陷指设备存在过热，程度较重，温度场分布梯度较大，温差较大的缺陷。这类缺陷应尽快安排处理。对电流致热型设备，应采取必要的措施，如加强检修等，必要时降低负荷电流；对电压致热型设备，应加强监视并安排其他测试手段，缺陷性质确认后，立即采取措施消缺。

危急缺陷指设备最高温度超过《高压开关设备和控制设备标准的共用技术要求》（GB/T 11022—2011）规定的最高允许温度的缺陷。这类缺陷应立即安排处理。对电流致热型设备，应立即降低负荷电流或立即消缺；对电压致热型设备，当缺陷明显时，应立即消缺或退出运行，如有必要，可安排其他试验手段，进一步确定缺陷性质。

电压致热型设备的缺陷一般定为严重及以上的缺陷。

五、注意事项

（一）一般检测要求

（1）被检设备是带电运行设备，应尽量避开视线中的封闭遮挡物（如门和盖板等）。

（2）环境温度一般不低于 5℃，相对湿度一般不大于 85%，天气以阴天、多云为宜，夜间图像质量为佳；不应在雷、雨、雾、雪等气象条件下进行，检测时风速一般不大于 5m/s。

（3）户外晴天要避开阳光直接照射或反射进入仪器镜头，在室内或晚上检测应避开灯光的直射，应闭灯检测。

(4) 检测电流致热型设备，最好在高峰负荷下进行。否则，一般应在不低于 30% 的额定负荷下进行，同时应充分考虑小负荷电流对测试结果的影响。

(二) 精确检测要求

除满足一般检测的要求外，还满足以下要求：

(1) 风速一般不大于 0.5m/s；

(2) 被检测设备通电时间不小于 6h，最好在 24h 以上；

(3) 被检测设备周围应具有均衡的背景辐射，应尽量避开附近热辐射源的干扰，某些设备被检测时还应避开人体热源等的红外辐射；

(4) 避开强电磁场，防止强电磁场影响红外热像仪的正常工作。

第四节　SF_6 微水含量检测

SF_6（六氟化硫）作为一种广泛运用的绝缘介质，它的使用也存在一些问题。SF_6 作为一种绝缘介质，和气体的湿度，也就是微水含量有着密切的关系。SF_6 在电弧电晕的作用下，可与水发生化学反应生成强腐蚀物质 HF 和剧毒的氟化物，危及设备及人员的安全，严重时可能出现爆炸事故。当设备内 SF_6 气体的湿度过高，水分以液态存在于绝缘件表面时，就会降低绝缘件表面的放电电压，也就降低了设备的内绝缘。

运行中设备的绝缘除了主要和湿度有关外，还和其他参数（如温度、压强等）有关。而在不同的压强下测得的同样的湿度值，设备的绝缘水平也是不一样的。气体微水测试的标准主要有以下两种（六氟化硫气体微水测试的标准：20℃，0.1013MPa）：

(1) 断路器灭弧室气室，新充气后不大于 15×10^{-5}，运行中不大于 3×10^{-4}；

(2) 无电弧分解物气室，新充气后不大于 25×10^{-5}，运行中不大于 5×10^{-4}。

六氟化硫设备内部水分的主要来源有：

(1) 六氟化硫新气中含有的水分；

(2) 设备组装时进入的水分；

(3) 固体绝缘物件中释放出来的水分；

(4) 运行中透过密封件渗入的水分；

(5) 运行中多次补气、测试过程中进入的水分；

(6) 气室内吸附剂失效。

因此，做好含量检测和水分控制对于安全供电及供水是非常重要的。

一、试验目的

SF_6 断路器安装、运行过程中，SF_6 气体中的微量水分含量的多少直接影响到断路器的安全可靠运行。SF_6 断路器中 SF_6 气体中的微量水分带来的危害如下。

（1）SF_6 气体中的微量水分虽然对 SF_6 气体本身的绝缘强度影响不大，但断路器内部的固体绝缘件（如盆式绝缘子、绝缘拉杆等）表面凝露时会大大降低沿面闪络电压。

（2）SF_6 气体中的微量水分会参与在电弧作用下 SF_6 气体的分解反应，生成腐蚀性很强的氟化氢分解物，它们对 SF_6 断路器内部的零部件有腐蚀的作用，降低绝缘件的绝缘电阻，破坏金属件表面镀层，使产品受到严重腐蚀损害。SF_6 气体中的微量水分含量越多，这种损害就越大。

因此，应开展 SF_6 断路器 SF_6 气体中的微量水分检测，严格控制 SF_6 气体中微量水分含量，掌握其变化原因，采取有效的预防措施。

二、试验准备

（1）检查微水测试仪校验合格。
（2）登高用具、个人安全用具准备齐全。
（3）测试连接管路无杂质、水分，无漏气。

三、试验步骤及操作过程

SF_6 断路器中的 SF_6 气体水分含量是很小的，所以对其含水量的检测称为微量水分检测。测定 SF_6 气体微量水分含量的方法有很多，现场用于开展 SF_6 气体水分含量的方法一般有电解法、阻容法、冷凝露点法等，目前广泛用于现场的检测方法是冷凝露点法。下面介绍露点法的检测原理及检测方法。

（一）气体湿度测量基础理论

1. 常用湿度计量名词术语

水蒸气：也称水汽。水的气态，由水气化或冰升华而成。

湿度：气体中水蒸气的含量。

干气：不含水蒸气的气体（绝对不含水蒸气的干气是不存在的，所谓干气仅仅是相对的）。

湿气：干气和水蒸气组成的混合物。

露点温度：在等压的条件下将气体冷却，当气体中的水蒸气冷凝成水并达到相平衡状态时，此时的气体温度即为气体的露点温度。

水蒸气压力：湿气（体积为 V、温度为 t）中的水蒸气于相同 V、t 条件下单独存在时的压力，亦称为水蒸气分压力。

饱和水蒸气压：水蒸气与水（或冰）面共处于相平衡时的水蒸气压。

质量混合比：湿气中水蒸气的质量与干气的质量之比，亦称混合比。

质量比：质量混合比乘以 10^6。

体积比：湿气中水蒸气分体积与干气的分体积之比值的 10^6 倍。

绝对湿度：单位体积湿气中水蒸气的质量。

2. 湿度的表示方法

湿度是指气体中水蒸气的含量，而固体或液体中的含水称为水分。湿度的表示方法繁多，其定义都是基于混合气体的概念引出的。表示气体中水汽含量的基本量可以是水蒸气压力，湿气（体积为 V、温度为 T）中的水蒸气于相同 V、T 条件下单独存在时的压力，也称为水蒸气分压力。饱和水蒸气压的概念是湿度测量中一个极其重要的概念。水从液体转化为蒸汽的过程称为汽化。汽化的某种方式可以是蒸发，以液体的自由表面作为气-液的分界面的汽化过程称为蒸发。蒸发过程与水的温度及液面上的气压有关，温度升高，水分子的平均动能增大，逸出液面的分子数增加，随着空间水分子数的增加，碰撞的机会也增加，折回水面的分子数随着增加，当蒸发速度等于凝结速度时，体系达到动态平衡，这种状态称为饱和，此空间中的水蒸气称为饱和水蒸气，其压力称为饱和水蒸气压。饱和水蒸气与温度之间存在一定的函数关系，它是指其气相中仅存在纯水气时，与水或冰组成的体系的平衡水汽压，它是温度的单值函数。

饱和水蒸气压是温度的单值函数，温度越高，饱和水蒸气压数值越大，因此对于一个在测定温度的条件下，其水蒸气分压没有达到饱和的气体，随着人为地降低体系温度、其水蒸气分压就可以在低温状态下达到饱和，此时如果温度继续下降，气体中的水分会以露的形式析出来，水蒸气压力达到饱和时的相应温度称为露点温度。

重量法是湿度测量中一种绝对的测量方法。在当今所有湿度测量方法中，它的准确度最高，重量法一般作为湿度测量的基准。其量值是以混合比来表示的。湿气中的混合比是湿气中所含水汽质量与和它共存干气质量的比值，因此，混合比是湿度的最基本表示方法。基于混合比定义概念的还有几种湿度表示方法，常用的有体积分数（$\times 10^{-6}$）和质量分数（$\times 10^{-6}$）。体积分数（$\times 10^{-6}$）是以"百万分之一"为单位表示的水汽与其共存的干气的体积之比值。质量分数（$\times 10^{-6}$）是以"百万分之一"为单位表示的水汽与其共存的干气的质量之比值。

3. 温度计量单位的换算

(1) 气体湿度的体积分数计算。由道尔顿分压定律和理想气体状态方程，可知气体的压力是由大量分子的平均热运动而形成的，是由大量分子对器壁不断碰撞的结果，所以它的量值决定于单位体积的分子数和分子的平均动能，又由于气体的绝对温度是分子平均动能的量度，在相同的温度下，气体的分子平均动能是相同的，所以在同一温度下，不同气体的分压力之比就是分子数目之比，也就是不同气体的体积比。因此，气体湿度的体积分数为：

$$\varphi_W = \frac{V_W}{V_T} \times 10^6 = \frac{p_W}{p_T} \times 10^6 \qquad (13\text{-}1)$$

式中 φ_W——测试气体湿度的体积分数，μL/L；

V_W——水汽的分体积，L；

V_T——测试气体的体积，L；

p_W——气体水蒸气的分压力（测试露点下的饱和水蒸气压），Pa；

p_T——测试系统压力，Pa。

（2）气体湿度的质量分数计算。由质量分数浓度定义可知道，质量分数表示湿气中水蒸气的质量与干气质量之比的百万分之一，即：

$$w_W = \frac{m_W}{m_T} \times 10^6 = w_W \cdot \frac{M_W}{M_T} \qquad (13\text{-}2)$$

式中 w_W——气体湿度的质量分数，μg/g。

m_W——水蒸气的质量，g；

m_T——测试湿气的质量，g；

M_W——湿气中水的摩尔质量，g/mol；

M_T——测试气体的摩尔质量，g/mol。

（3）气体含水量绝对值计算。根据绝对湿度的定义，气体湿度的绝对值 AH 表示的是单位体积湿气中水蒸气的质量，也就是水蒸气密度，它可以由理想气体状态方程推出：

$$AH = 2.195 \cdot \frac{p_W}{T_K} \qquad (13\text{-}3)$$

式中 p_W——气体水汽的分压力，Pa；

T_K——系统温度，K。

（4）非大气压力下测量时露点的计算。非大气压下测量的水蒸气分压与在大气压下测量的水蒸气分压与其测试压力成正比，即：

$$SVP_O = SVP_a \frac{p_O}{p_a} \qquad (13\text{-}4)$$

式中 SVP_O——非大气压下测量露点相应的饱和水蒸气压，Pa；

SVP_a——大气压下测量露点相应的饱和水蒸气压，Pa；

p_O——非大气压力，Pa；

p_a——大气压力，Pa。

（二）试验方法及步骤（冷凝露点法）

1. 冷凝露点法测量原理

当定体积的气体在恒定的压力下均匀降温时，气体和气体中水分的分压保持不变，直至气体中的水分达到饱和状态，该状态下的温度就是气体的露点。通常是在气体流经的测定室中安装镜面及其附件,通过测定在单位时间内离开和返回镜面的水分子数达到动态平衡时的镜面温度来确定气体的露点。一定的气体水分含量对应一个露点温度,同时一个露点温度对应一定的气体水分含量。因此,测定气体的露点温度就可以测定气体的水分含量,由露点值可以计算出气体中微量水分含量。

《六氟化硫电气设备中绝缘气体湿度测量方法》(DL/T 506—2018)规定,六氟化硫电气设备中的 SF_6 气体湿度用体积比来表示。大气压下测量时,SF_6 气体湿度的体积比为:

$$\varphi_W = \frac{p_W}{p_T} \times 10^6 \tag{13-5}$$

2. 试验方法及步骤

冷凝露点法测量 SF_6 气体湿度采用导入式的取样方法,取样点必须设置在足以获得代表性气体的位置并就近取样。测量时将湿度计与待检测设备用气路接口连接。

测量时可在大气压下测量,也可在设备气室压力下测量。大气压下测量时,阀门 6 全开,用阀门 4 调节流量;设备气室压力下测量时,阀门 6 全开,用阀门 6 调节流量。

冷凝露点法测试 SF_6 气体湿度具体步骤及注意事项如下。

(1) 将仪器与待检设备经设备检测口、连接管路、接口相连接,并将仪器电源接通。用于测量的管路要尽量缩短,并保证各接头的密封性,接头内不得有油污。连接检测口与 SF_6 气体湿度仪气路前,应仔细检查检测口类型,确定是否需要关闭检测口上的控制阀门后才能与仪器相连接。

(2) 接通气路,用六氟化硫气体短时间地吹扫和干燥连接管路与接口。室内测量时,如测量气体直接向大气排放,应在排气口加长管子,注意不要影响测量室压力。

(3) 开机检测,待仪器读数稳定后读取结果,同时记录检测时的环境温度和空气相对湿度。测量时,样品气流量要适当,且测试中流量应稳定。

(4) 数据处理。测试值换算到 20℃ 时的数值。

(5) 设备恢复。恢复控制阀门为测试前状态,检查气体压力是否正常。

四、数据分析及判断

断路器灭弧室气室 SF_6 气体湿度 (20℃的体积分数) 的相关要求见表 13-7。

(一) SF_6 断路器中气体水分主要来源

1. SF_6 气体新气的水分不合格

造成新气不合格的原因包括:

表 13-7　弧室 SF$_6$ 气体湿度要求

气体湿度	大修后	运行中
体积比（20℃）/μL·L^{-1}	≤150	≤300

(1) 制气厂对新气检测不严格；

(2) 运输过程中和存放环境不符合要求；

(3) 存储时间过长。

2. 断路器充入 SF$_6$ 气体时带进水分

断路器充气时，工作人员不按有关规程和检修工艺操作要求进行操作，如充气时气瓶未倒立放置，管路、接口不干燥，或者装配时暴露在空气中的时间过长等，导致水分带进。

3. 绝缘件带入的水分

厂家在装配前对绝缘未做干燥处理或干燥处理不合格，断路器在解体检修时绝缘件暴露在空气中的时间过长而受潮。

4. 吸附剂带入的水分

吸附剂对 SF$_6$ 气体中水分和各种主要的分解物都具有较好的吸附能力，如果吸附剂活化处理时间短，没有彻底干燥，安装时暴露在空气中时间过长而受潮，吸附剂可能带入数量可观的水分。

5. 透过密封件渗入的水分

在 SF$_6$ 断路器中，SF$_6$ 气体的压力比外界高 5 倍，但外界的水分压力比内部高。例如，断路器的充气压力为 0.5MPa，SF$_6$ 气体水分体积分数为 30×10^{-6}，则水的压力为 $0.5\times30\times10^{-6}=0.015\times10^{-3}$ MPa。

外界的温度为 20℃时，相对湿度 70%，则水蒸气的饱和压力为 $2.38\times10^{-3}\times0.7=1.666\times10^{-3}$（MPa），所以外界水压力比内部水分高 $1.666\times10^{-3}\div(0.015\times10^{-3})=111$(倍)。而水分子呈 V 形结构，其等效分子直径仅为 SF$_6$ 分子的 0.7 倍，渗透力极强，在内外巨大压差作用下，大气中的水分会逐渐通过密封件渗入断路器的 SF$_6$ 气体中。

6. 断路器的泄漏点渗入的水分

充气口、管路接头、法兰处渗漏或铝铸件存在砂孔等泄漏点，是水分渗入断路器内部的通道，空气中的水蒸气逐渐渗透到设备的内部，该过程是一个持续的过程，时间越长，渗入的水分就越多，由此进入 SF$_6$ 气体中的水分占有较大比重。

(二) 温度对六氟化硫气体湿度测量的影响

在多年的气体含水量监测中，发现设备内 SF$_6$ 气体含水量受运行环境温度影响很大，而《六氟化硫电气设备中气体管理和检测导则》（GB/T 8905—2012）

中 SF_6 的含水量标准是 20℃ 的值，但测试温度往往不是 20℃，有的甚至与 20℃ 相差很大，这就给 SF_6 电气设备的监督和验收带来了困难。

温度对六氟化硫气体湿度测量的影响主要有以下几点。

(1) 断路器材料的影响。SF_6 断路器内部固体绝缘材料及外壳，在温度高的时候，释放渗透在材料内部的水分、在气体中的水分随着温度的升高而增大；在温度降低时，气体的水分又较多地凝聚在外壳及绝缘材料表面，使气体水分含量减少。

(2) SF_6 断路器中的吸附剂的影响。SF_6 断路器中的水汽分子大部分是被吸附剂吸附的，SF_6 气体中残余的水汽分子处于吸附与释放的平衡状态，这种平衡状态与温度有关。因此，当温度升高时，气室中吸附剂吸附水汽的能力降低，吸附剂会释放出已吸附的水分来平衡因温度升高而使相对湿度降低的变化，而温度降低时则反之。

(3) 温度对水分子运动速度的影响。由麦克斯韦方程可知，气体相对分子的平均热运动速度受温度和相对分子质量的影响。温度越高，分子运动的速度越大，而相对分子质量越大，气体分子运动速度越小。由于水和 SF_6 的分子质量差得很多，当温度变化时，气体中的水分子与 SF_6 所获得的动能增量均不相同，这样就是 SF_6 与水蒸气的分压力发生变化，所以温度的改变导致了测量含水量数值的变化。

(4) 环境温度对外部水分通过设备材质进入设备内部的影响。实际运行的 SF_6 断路器，其密封不可能保持绝对的完好，所以外部水分子有可能透过设备密封不严的部分进入设备内部。这种外部水分通过设备物质渗透到设备内部的作用会受到环境温度的影响，当环境温度升高时，外部相对湿度大，外部水汽侵入会受到环境温度的影响，外部水汽侵入设备内部量大；反之，环境温度低时，侵入量小。国内外各研究机构对环境温度对六氟化硫气体湿度的影响做了大量的研究，包括环境温度影响设备中六氟化硫气体湿度的原因、环境温度对设备中六氟化硫气体湿度影响的方式，并试图从各方面探讨对温度影响进行折算的方法。

国内外研究机构通过研究，提出了在运行环境温度作用下，SF_6 气体水分含量的经验折算公式。《六氟化硫电气设备中绝缘气体湿度测量方法》(DL/T 506—2018) 根据广东省电力试验研究、内蒙古电力科学研究院、山东电力研究院、佛山供电分公司等数家研究机构提出的四种温度折算经验对 20℃ 的折算值进行平均，得出的不同环境温度下湿度的 20℃ 折算值，并依此制定了《六氟化硫气体湿度测量结果的温度折算表》。四个温度折算经验公式如下。

1) 经验温度折算法一。经验温度折算法的折算原则见表 13-8。

2) 经验温度折算法二。经验温度折算法的折算原则见表 13-9。

表 13-8 不同环境温度下的湿度值折算到 20℃的经验折算法

环境温度	湿度范围/μL·L⁻¹	折算原则
20℃以下	< 160	温度每降低1℃,湿度测量相应露点加0.1℃
	160~400	温度每降低1℃,湿度测量相应露点加0.2℃
	400~720	温度每降低1℃,湿度测量相应露点加0.3℃
	720~1000	温度每降低1℃,湿度测量相应露点加0.4℃
	>1000	温度每降低1℃,湿度测量相应露点加0.5℃
20℃以上	范围不限	温度每降低1℃,湿度测量相应露点加-0.5℃

表 13-9 不同环境温度下的湿度值折算到 20℃的经验折算法

环境温度	湿度范围/μL·L⁻¹	折算原则
20℃以下	<160	温度每降低1℃,湿度测量相应露点加0.1℃
	160~400	温度每降低1℃,湿度测量相应露点加0.2℃
	400~720	温度每降低1℃,湿度测量相应露点加0.3℃
20℃以上	范围不限	温度每降低1℃,湿度测量相应露点加-0.4℃

3) 公式折算法。依据克劳休斯-克拉贝龙方程,提出折算公式,其计算公式为:

$$X_{ZS} = X_{CL} \cdot p_{20} \cdot \frac{T_t}{p_t} \cdot T_{20} \tag{13-6}$$

式中 X_{ZS}——不同环境温度下湿度测量值折算到20℃时的数值,μL/L;

X_{CL}——环境温度 t(℃) 时的测试数值,μL/L;

T_t——环境温度,K;

T_{20}——温度,K;

p_t——环境温度 t(℃) 时的饱和水蒸气压,Pa;

p_{20}——饱和水蒸气压,Pa。

五、注意事项

(1) 防止高处坠落。人员在拆、接电容器一次引线时,必须系好安全带。对220kV及以上电容器拆接引线时需使用高空作业车。在使用梯子时,必须有人扶持或绑牢。

(2) 防止高处落物伤人。高处作业应使用工具袋,上下传递物件应用绳索拴牢传递,严禁抛掷。

(3) 宜在晴好天气进行测量,以免空气中过多的水蒸气影响测量准确性。环境温度对测量气体湿度也有相当大的影响,建议每次测量时的温度相近以利于比较。测量时的环境温度在20℃左右为好,并在报告中注明测试温度。

(4) 断路器充气后一般应稳定48h后再进行测量。

参 考 文 献

[1] 国网宁夏电力公司培训中心. 电气试验实操手册 [M]. 北京：中国电力出版社，2014.
[2] 张露江，陈蕾，陈家斌. 电气设备检修及试验 [M]. 北京：中国水利水电出版社，2012.
[3] 李卫国，屠志健. 电气设备绝缘试验与检测 [M]. 北京：中国电力出版社，2006.
[4] 谭立成，高楠楠. 高压电气试验基础知识 [M]. 北京：中国电力出版社，2012.
[5] 中国南方电网超高压输电公司. 变电一次设备试验技术 [M]. 北京：中国电力出版社，2014.
[6] 赵永生. 变配用电设备电气试验与典型故障分析及处理 [M]. 北京：机械工业出版社，2012.
[7] 楼其民，楼刚. 110kV 变电站电气试验技术 [M]. 北京：中国水利水电出版社，2016.
[8] 周武仲. 电气试验基础 [M]. 北京：中国电力出版社，2010.
[9] GB/T 1408.1—2016，绝缘材料电气强度试验方法 [S].
[10] DLT 5293—2013，电气装置安装工程电气设备交接试验报告统一格式 [S].
[11] GB 50150—2016，电气装置安装工程电气设备交接试验标准 [S].
[12] Q/GDW 1168—2013，输变电设备状态检修试验规程 [S].

笔　　记